人人應知的

既念
抵抗行動

What is
Resistance
Operation
Concept

人人應知的

台灣防禦協會
編譯

目次 CONTENTS

本書說明

1. 目的：

　　許多中外學者都指出，面對中國的威脅，台灣可以採取的最佳策略就是本書所說的「抵抗作戰概念」。在 2022 年開始的烏俄戰爭中，烏克蘭也發展出符合自身的「抵抗作戰」而備受討論。因此我們改編該美軍研究報告，推出較容易理解的版本。希望關心此議題的人都能清楚現在，以及未來可以做什麼事，以被動「避免」、甚至「面對」強權的攻擊。

　　一般而論，「抵抗作戰」讓「不對稱戰爭」時的小國一方擁有較佳的機會，可以發揮遠超出他們的能力的作戰效果，並確保「大國」在發動任何侵略之前至少要三思而行。如果選擇進行抵抗，根據本書的設計架構，我們可以以最佳的組織、最好的訓練和專為這些組織而設計的戰略架構進行。

　　這就是「抵抗作戰概念」想要提供給全世界受強國威脅的國家（包括台灣）的武器。

2. 前身及修改：

　　本書前身為《抵抗作戰概念》，該書原本是由「美軍歐洲特

戰指揮」(SOCEUR) 推動的「抵抗研討會」發展而來，由費雅拉 (Otto C. Fiala) 博士等人編寫成書，其原始英文版全書，可在美國聯合特種作戰大學出版社 (Joint Special Operations University Press) 的網站下載；中文部分，則有台灣國防部的全譯本，由五南書局發行。

本書的原始形式採取非常中性的描述，試圖「極度客觀」說明戰爭發生時的兩造，爲了方便讀者進入閱讀情境，我們將此「中性」改成具敵我意識的用語，例如「敵方」、「我方」。原書附有相當多的參考文獻，本書爲求簡潔並未收錄

本書之所以稱爲「概念」，意思是這本書是一個規劃的建議（或說藍圖），書中有許多範本性質的內容。原書的規劃是希望面臨類似處境的主權國家，可以以此書爲基礎，實際建立一個適用自己國家的韌性打造與抵抗方式。

3. 本書的章節安排：

本書重點是：爲了面對當代新型危機（例如混合戰爭），每個主權國家都應該在平時打造好「韌性」，戰爭發生時，則以原本的韌性爲基礎，發揮「抵抗」能力。無論是「韌性」或者「抵抗」的概念，都是建立在「總體防禦」的觀念上——意思是戰爭已經不再只是**政府**的事情，也不只是**軍隊**的事情。而是

政府與民間的每個部門與個人，在戰爭發生時都需要扮演的角色，才能重獲我們原本的生活。本書將會詳述所有細節，提供面對戰爭時，各種角色、單位應該思考、注意的事情。

　　本書根據這個思考順序，由❶「總體防禦」等基礎概念開始

圖O-1　抵抗作戰構想章節大要

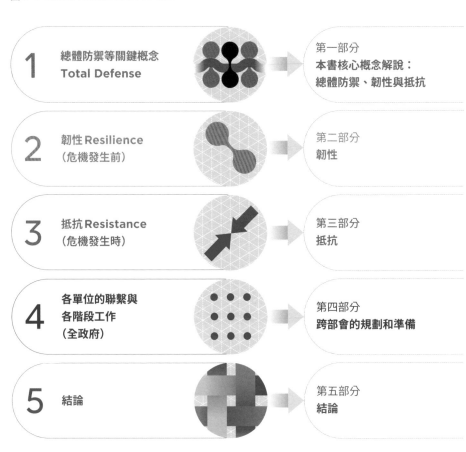

1　總體防禦等關鍵概念　Total Defense　→　第一部分　**本書核心概念解說：總體防禦、韌性與抵抗**

2　韌性 Resilience（危機發生前）　→　第二部分　**韌性**

3　抵抗 Resistance（危機發生時）　→　第三部分　**抵抗**

4　**各單位的聯繫與各階段工作**（全政府）　→　第四部分　**跨部會的規劃和準備**

5　結論　→　第五部分　**結論**

（第一部分），❷接著討論如何平時發展「韌性」（第二部分），
❸如何在戰時發揮「抵抗」能力（第三部分）。❹接著討論各
個不同單位如何彼此合作溝通，以及每個階段的任務（第四
部分）。

當代由極權大國所產生的各種「不對稱」威脅，讓我們需要新方式面
對戰爭。
我們將介紹「總體防禦」這個前提思想。如此才能理解爲何戰爭勝利
與否不再只是政府跟軍隊的責任。

「韌性」是任何主權國家都必須要有的能力。要能夠成功抵抗任何侵
略行爲，一定要有堅實的韌性作爲基礎。這個部分將討論建立韌性
的種種細節。

「抵抗」是主權國家遭受侵略時的直接反應。這個部分設想戰爭發生
時的各種可能，從民間到官方、由明至暗的各種組織與應對之道。

本書一再強調當代戰爭不可能只由政府中的國防部負責，而是需要
內政、司法、外交各部門一起動員。這個部分仔細討論每個部門在
不同階段應該擔任的職責。

對於本書提出概念的整體說明

第一部
本書核心概念解說：
總體防禦、
韌性與抵抗

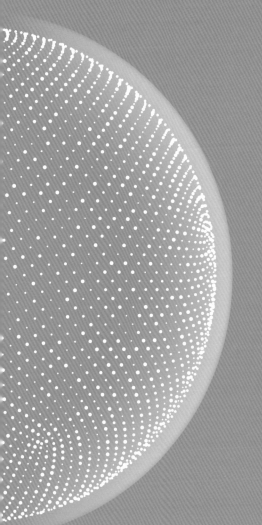

本章說明

　　冷戰結束以及反恐的因素,「相同戰力的 國與國對峙」變得較不常見,「不對稱戰爭」 成為當代的主要問題:例如雙方戰力懸殊該如何是好?敵方在暗、我方在明該如何是好?敵方以極權方式滲透民主機制的我們又該 如何是好 ? 這些問題導致「總體防禦」的概念被提出──今後的戰爭不再是「軍隊」跟「政府」就可以決定勝敗 了,「人民」跟「夥伴國家」的角色變得前所未有的重要。

關鍵字

總體防禦
Total defense

這個概念一方面要說戰爭不只發生在「戰場」，也不是只有傳統意義的「軍事」，當然也不是傳統的「部隊」可以單獨面對。而是會發生在民事、經濟、心理和社會各層面，因此相對於純「軍事」思維的防衛，所有部門、人員都應該要一同面對戰爭，才能捍衛我們既有的生活方式與國家。

韌性
Resilience

「韌性」（Resilience）指的是：
❶抵抗外部壓力、拒絕被戰爭影響生活的意願、面對戰爭的應變能力；以及❷面對這些壓力及其影響下的復原能力。

抵抗
Resistance

「抵抗」（Resistance）指的是：
在被在外國勢力完全或部分佔領的領土上，一個國家以❶有組織的方式、❷舉全體的努力、❸涵蓋了從非暴力到暴力的所有行動、❹在合法建立的政府（可能是流亡或代理政府[1]）領導下，試圖重新建立國家之獨立和自主。

1. 代理政府，在本書的脈絡下，代理政府指的是當主權國家的政府流亡時，安排一組團隊在佔領區環境下繼續維持原本治理工作者。

1 一定要知道的前提知識：
總體防禦 (Total Defense)

　　總體防禦是 (Total Defense) 什麼？跟傳統防禦有什麼不同？

　　「抵抗作戰概念」(ROC) 是建立在「總體防禦」的想法上，強調的是，面對當代「混合戰」[2] 等新的戰爭模式，我們不再只單純靠軍隊 (與政府) 就可以處理，而是需要全體人民以及夥伴國家的共同參與。

　　「總體防禦」的意義：以「全政府參與」、「全社會參與」的方式，來提高國家危機發生前的韌性。包括提高軍力、增加跟夥伴國家間的**協同能力** (interoperability)[3]。

　　面對新形態的當代危機，全世界已經有許多國家已經採用了這種總體防禦策略，尤其是那些與強權大國相鄰的國家，

---

2. 混合戰這個詞跟總體防禦的概念接近，都是強調現代戰爭，不僅僅是軍事力量在發揮作用，還包括政治、經濟、文化、信息等多個層面。

3. 「協同能力」在此是指不同國家或軍事組織之間的軍事裝備、系統、程序以及人員能夠有效地一起工作的能力。

此概念要告訴我們戰爭已經不只是傳統認知的軍事行動，還包括了對國家經濟與社會的特種型態攻擊。

在「傳統防禦」架構下，當衝突（戰爭）發生，政府與軍隊必須採取行動對抗敵人，人民只能被動地接受戰爭訊息。而在「總體防禦」的情況下，戰爭發生時，人民是主要參與者，而非被動角色，另外因為國力不對稱的日益普遍，夥伴國家在支持抵抗作戰上，也扮演著非常重要的角色。**這種概念與具體行動，就是韌性的主要重點。加強政府部門、公共組織**

圖1-1　比較傳統防禦與總體防禦

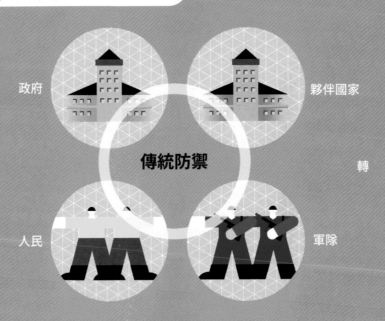

政府　　夥伴國家

傳統防禦

轉

人民　　軍隊

「傳統防禦」架構下，當衝突（戰爭）發生，
政府與軍隊必須採取行動對抗敵人。

以及大眾，這三者之間（以及夥伴國家的合作）的合作制度化是成功的關鍵。

這種合作可以建立更有韌性的社會，並強化在需要抵抗時建立的抵抗網絡[4]。

---

4. 網絡：在本書中，「網絡」不是單純指稱網際網路，是更廣泛地指稱與一個功能相關的所有角色與連結方式，例如宣傳網絡一詞可能就包括電台硬體設施、廣播人員、撰稿人員等等這些可以達成宣傳目的的角色，當然也包括可以動用這些人員的人脈或者信任關係。

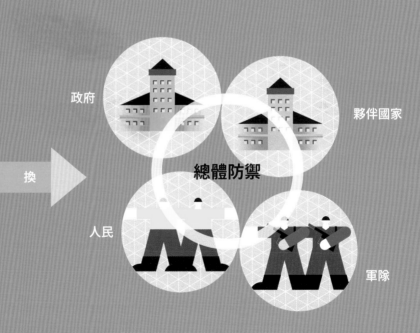

在「總體防禦」的概念下，戰爭發生時，
「人民」與「夥伴國家」的重要性絲毫不低於原本「政府」跟「軍隊」。
因此四個角色之間更為緊密。

總體防禦有哪些主要角色與重要原則？

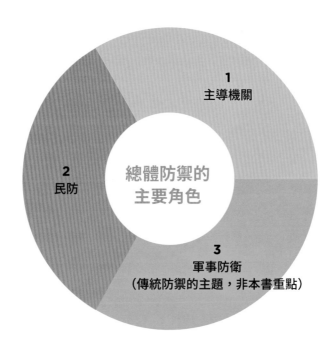

圖1-2　**總體防禦的主要角色**

2-1 總體防禦的長期（戰略）目標

「總體防禦」的目的是，動員一切必要的支援，以捍衛國家及保持領土完整。這包括與其他國家，在國內或國外進行合作行動，以保護並促進安全、自由和自治。這個戰略確保國家有充足的時間和空間，來進行軍事部署與政治決策，同時也建立準備充分、意志堅決、果斷決策且堅韌的抵抗能力，以對抗侵略者。

國家抵抗能力必須堅實到能夠向任何潛在進攻者提出警示訊息：「如果進攻，勢必付出極高代價！」在國內實施此戰略時，也必須與國家各部門以及國際夥伴間的外交、政治和經濟措施相結合（無論是雙邊還是多邊），如此可以對潛在的侵略者產生威嚇效果。而此種威嚇，應該包含與其他國家做好針對侵略者的相關協議。

2-2 總體防禦的主要角色

2-2-1 主導機構

必須建立一個專責的政府部門，以便讓此項工作持續推進、擔任協調各單位、確認工作方向一致。這樣的部門最好放在國防部，因為它的主要任務是對軍隊和國防政策提出建

議。該單位可以監督和協調「軍事防禦」和「民間防禦」二者的規劃和準備，以建立全面的、相互支援的、協同作業的一致目標。它也應該針對❶與夥伴國家的協議、❷內部法律和政策框架的調整，以及❸支援這項工作的跨機構協議，提出建議。

然後，這些建議需要國家首長和立法機關的政治認同，以立定必要的法律和政策框架。

2-2-2 民防

民防有幾個目標：❶保護平民人口，❷確保必要的公共服務能持續運作，❸減輕戰爭帶來的傷害，❹間接在戰爭期間增強軍隊的作戰能力（例如降低軍隊的負擔）。透過一些民防個人準備（例如儲存罐頭食物、瓶裝水、藥品和電池等），增加人民做好準備的能力，以此緩解國防在供應、運輸和分發資產的壓力，同時也會提高個人捍衛其國家的意願。

政府內外的個人和組織可能被徵召為支持戰時組織的角色。這可能會需

要建立以地區為單位的增援後備人員，需要時可機動提供搜救服務、醫療服務（例如某醫院在指定的民防區域中被指定為戰爭醫院），以及家庭防護組織、建立和維護避難所、練習疏散能力。基於這些任務，需要預先對民眾進行戰爭角色的基本訓練和教育。

自發性的防禦組織，如家防隊或防禦聯盟，在總體防禦中的民防活動扮演重要角色。這些志願組織通常涉及大量人員，訓練目標包含發展和強化捍衛國家的意志。

2-2-3 軍事防禦

與國內民間單位合作以及與國外夥伴國家聯合。軍事防禦的目標是保障國家的安全、維持具有高戒備能力的部隊，以威嚇潛在的侵略者，捍衛國家並確保軍事勝利，以維持或恢復國家主權和領土完整。「防禦準備」應包括預先規劃出被佔領區的留守軍力，並建立國家抵抗能力。

3　總體防禦、韌性、抵抗的關係

國家韌性

在戰爭發生前的平時狀態，我們就應該
對於國家韌性的概念有所共識，社會
的韌性是一個主權國家應有的基礎能
力。抵抗專指主權被侵犯的狀況下的
一種對抗行為，戰爭真正發生時，強
大的社會韌性本身具有威嚇力量；戰
爭結束後，韌性會發揮強大的恢復
力，讓社會在短時間內恢復原本秩序。

國家韌性　　　總體

　　總體防禦可以被視爲一種戰爭形式，也是一種分層級、深入全國的防禦方式。基本上，它由韌性和抵抗兩個核心能力組成，二者彼此依賴、強化：

國家抵抗

抵抗是主權政府及其人民面臨對主權和國家獨立性的威脅時的自然反應。政府必須清楚如何主動組織、規劃政府內部以及民間單位，才有能確保有適當的機制來對抗佔領者。抵抗需思考的因素包括敵軍政權與抵抗其統治的人民之間的地理和歷史關係。抵抗的方法和強度是由侵略者或其傀儡政府的威脅程度來決定的。

防衛　　　國家抵抗

圖1-3 **總體防禦、韌性、抵抗的關係**

3-1　總體防禦與韌性的關係

　　「總體防禦」的成功，仰賴人民在和平時期，對其擔任的個人和群體防禦角色做出承諾，並願意在戰爭發生時捍衛國家。和平時期的訓練和教育，可以協助大家爲抵抗活動做好準備，並增強抵抗意願。強大的民防需要社會凝聚力，因此需要維繫文化和國家傳統的共同感，也應確保所有人民都能夠獲得國家服務和福利，並在法律下被平等對待。以上可以被稱爲「社會防禦」。

　　保有克服國家危機、捍衛國家的意志、堅定性和決心是國家自豪和相互尊重的一部分，這將有助於人民面對戰爭時，相信一定能克服危機的決心與信念，這部分可以被稱爲「心理防禦」；於和平時期的規劃和準備（例如儲備糧食和燃料）是直接加強危機發生時的國家韌性，對潛在的侵略者也等同一種威嚇。此外，國家還應該通過保護關鍵基礎設施來抵禦網路和實體攻擊，從而增強其經濟上的韌性。

3-2　總體防禦與抵抗的關係

　　在「總體防禦」概念下，軍事和民間防禦機構，共同負責在其國家領土上建立和維護進行軍事和民間抵抗活動的能力。

這涵蓋了軍方敵後部隊、政府承認或支持的自願軍事單位進行的活動、民眾進行的有組織的非暴力抵抗。這些活動應在由政府建立的法律和政策框架內進行，並持續與原合法政府保持聯繫，無論該政府是否流亡。抵抗活動的目標是恢復戰前狀態，讓合法政府重新擁有所有國家領土的主權，讓人民重獲原有的生活方式。

用戰爭發生的時序來理解韌性和抵抗

4-1 捍衛國家主權階段

　　政府（及人民）在「平時」應當持續規劃並爲各種危機（或者戰爭）做好準備，以此「增強國家韌性」。爲危機「做準備」這件事就是打造韌性的一環。韌性增強，也會產生對任何侵略行爲產生威嚇的效果。換句話說，這部份如果能做好，本身就是止戰的方法。

4-2 奪回國家主權階段

　　當國家部分或者全部主權被侵犯，就進入「抵抗」階段，主要目的就是為了重新奪回國家主權。

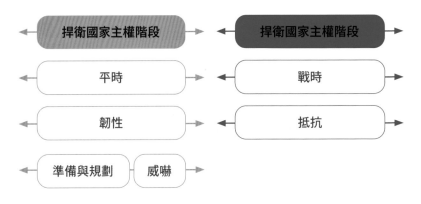

圖1-4 韌性與抵抗於戰爭（或總體防禦）的階段位置

第二部 PART 2
韌性

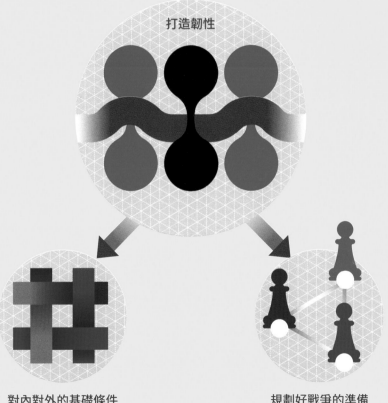

打造韌性

對內對外的基礎條件

規劃好戰爭的準備

本章說明

　從避免戰爭的角度來看，**打造韌性**是一個主權國家最基本的工作和責任。韌性還有一些平時各種由內到外的基礎條件，除此之外，**規劃好面對戰爭本身**也是韌性組成的重要一環。這兩塊組成了本章所要討論的韌性。

關鍵字

韌性　在國防概念中，韌性指的是一個國家或軍事組織面對攻擊、災難或其他危機時，能夠快速恢復和繼續執行其基本功能和任務的能力。這種韌性不僅包括物理和技術層面的準備，如基礎設施的堅固性和系統的冗餘性，也包括組織、經濟和社會的適應性和恢復力。本書一再強調，韌性本身具有威嚇效果，強大的韌性足以降低戰爭的機率。

---

1 打造韌性有哪些挑戰與基礎應該考慮？

1-1 當代主權國家遇到怎樣全新的挑戰？

我們面對的是一個變動快速，高度複雜的現代情境：各種社群、組織展現出多重且非固定的互動模式，並沒有一個中央控制、可完全預料的反應，這使得權力單位間的互動和分佈更加複雜。國外政府、國際網路和影響力強大的非國家組織（例如各種商業或非營利的國際組織），在人民之間進行合作或競爭，這可能對韌性產生不利影響。然而，即使非國家組織的影響力持續上升，主導國家結構的政府，依然需要負責增強韌性並組織國家的抵抗能力。

1-2 打造韌性需要哪些基本條件？

要能成功地對抗侵略者，建立堅固的韌性是關鍵。

塑造強烈的**國家認同**，並對各種危機**預先準備**，可以培育

出具有高度韌性的人民，進而增強國家的抵抗決心。政府可以透過一些心理策略，強化人民對國家的認同。

對內，政府應主動找出社會的弱點，並嘗試改善這些弱點；

對外，政府有責任發現潛在的外部威脅，並透過軍事和民間的預備措施來應對。政府也需強化與夥伴國家的關係，提高與外部支援的協同作戰能力。

這不僅是爲了威嚇，也是爲了提高敵方的侵略成本。

最後，政府應該告知人民外部的潛在威脅，分享如何透過準備、培訓和建立必要的組織和政策，來應對或減少這些威脅，並在必要時展開抵抗。

對於自然或人爲的災害，國家和地方的應急計劃也是韌性的一部分。

1-2-1　打造韌性之對內部分

a. 國家認同

強烈的國家認同和價值觀，亦卽國家凝聚力，是國家抵抗的先決條件，因爲它們維持、甚至加強了人民的韌性和抵抗的動機。我們應當通過歷史和愛國教育、持續與少數族群進行公開透明的溝通，確保他們並未被排在公民和政府範圍外，促進一致的文化價值（例如民主、包容）等措施，來增加

圖2-1 **打造韌性的對內措施**

人民對國家的認同感，也應該把政治與國防政策制定分開，通過非政府組織（NGO）或其他在地協會，傳遞鼓勵愛國和公民意識活動（例如青年偵察、露營、運動聯賽和俱樂部）的訊息。

官方和公眾鼓勵年輕人參加像童子軍、國家防衛，或公民支援聯賽這樣的活動，也可以加強愛國情懷。強調國家認同並非單指支持執政政府，有助於克服部分政治立場與當前政府相異的公民不願支持抵抗的情況。

b. 心理建設

在衝突發生之前，就應該開始對人民進行心理建設。這包括強調愛國和良好公民意識的教育，應該從小學階段就融入教育體系，幫助孩子不受敵方的宣傳影響。這些心理建設應當在戰爭發生之後依然持續。

▲ 當敵對行動開始，心理建設不會結束，抵抗力量需要持續獲得民眾的支持。因此，許多增強韌性的活動，會在抵抗期間持續進行，但形式可能會有所調整。此外，組織化的抵抗還會採取激勵措施，盡量提高民眾的士氣，使他們持續專注於恢復國家的獨立和主權。

▲ 心理建設還包括政治動員，這需要基於一系列清晰、容易理解的政治目標。那些反對佔領者的長期活動，也可以團結人民，支持國家和抵抗運動，並反對敵人。這還包括一個能滿足人民心理需求的敘述說法，並支援恢復國家主權的策略目標。

c. 了解內部弱點

政府必須識別並減輕內部弱點。分析內部運作狀況，進而識別潛在的脆弱區域，因為那些區域正會是敵方可能攻擊的地方，這是為國家和人民做準備的第一步。

在任何特定環境中，總會有些特別重要的元素或子元素，會牽動權力關係和不滿情緒。這些元素也可能被外部勢力利用，成為滲入社會的切入點。敵方可能利用這些元素或驅動力作為工具，在人群中製造或加深分裂。這些元素包括身分認同、宗教、經濟、對壓迫的看法、腐敗、剝削和基本服務的缺乏等。這些運作環境的子元素，根據它們作為侵略工具的強度，可能在建立韌性時需要額外關注。

d. 降低弱點

要降低弱點，需要政府和社會全面參與，必須考慮到所有的環境因素。例如：我們可以主動反駁敵方的宣傳、多元化

並加強國家經濟和關鍵產業的保護，確保各相關組織有共同的認知、確保人民的基本生活品質、加強保護邊境、促進團結，實施數據和網路安全措施，減少關鍵人口的脆弱性、維持軍事優勢……。我們需要及早找出這些關鍵因素，評估它們可能成為敵方利用的弱點部分，然後採取措施加以改善。具體的措施取決於我們面臨的弱點性質。

針對國家或組織，有哪些可以推薦的分析工具？

❶ **DIMEFIL**：政府通常可用的國家手段或資源。這些元素包括：外交(Diplomatic)、資訊(Information)、軍事(Military)、經濟(Economic)、財務(Financial)、情報(Intelligence)和法律／執法(Law Enforcement)。

❷ **PMESII-PT**：美國軍方與機構針對國家或區域運營環境的系統評估工具，其指標有：政治(Political)、軍事(Military)、經濟(Economic)、社會(Social)、資訊(Information)、基礎設施(Infrastructure)、物理環境(Physical Environment)及時間(Time)。

❸ **ASCOPE**：針對民間運營環境的分析使用的六個指標：區域(Areas)、結構(Structures)、能力(Capabilities)、組織(Organizations)、人員(People)和事件(Events)。

❹ **其他重要的社會驅動因素**，包括：海外僑民、關鍵領袖、歷史、人口統計組成、氣候、科技、區域情勢因素和其他利益相關者等。還需要分析各種因素之間的相互關係或其重要性的加權。

1-3 打造韌性時，
因應外部因素的內部準備？

確認外在威脅

反制威脅準備

與境外夥伴之共同作戰　　國際準備（外交）

做好相對應的內政準備

圖 2-2 **打造韌性由外思考的內部準備**

1-3-1　潛在外部威脅識別

　　政府識別和定義威脅的能力，決定了我們將會採取哪種行動，來減輕威脅、準備抵抗。政府必須意識到，外部的威脅會如何在國內行動條件中發揮其優勢。政府應該向民眾傳遞有關威脅的真實情況，尤其是那些容易受到敵方行動影響的族群。傳播主題也必須考慮國家邊界之外的受眾，如友好政府及該國人民、潛在侵略者政府及該國人民，以及國家的海外僑民。同時也應該思考反宣傳。

1-3-2　反制威脅準備

a. 國際合作策略

　　與夥伴國家密切合作有助於增加韌性、威嚇敵人，也可以確保在抵抗時實際獲得外援。政府可以與多方協調，包括國際組織、各國不同部門、民間機構和僑民社區。公開的合作協議可以增強我們的抵抗能力、對敵人形成強大的威嚇。這些協議應該涵蓋情報共享、執法合作和聯合演習等。

　　同時，我們也需要獲得國際社會的認可，制定各種可能情況的因應策略，從緊急狀況應對到戰後重建。也要設定種種明確的目標，例如恢復衝突前的國家主權，如此統一所有參與方的目標非常重要。在危機發生前，政府應該先與夥伴國

家確認各自的角色和責任，這樣在需要時才可以迅速而有效地行動。

b. 與境外支持者的共同作戰

▲ 在敵對活動開始前，就先與夥伴國家訂立早期協議，能夠確保及時的合作，並維持抵抗作戰。這些協議將確立各方在不同情境下的不同支援方式；透過協議，也可以確保抵抗組織得到合法認可，與非法組織區別開。當政府尋求外部支援時，過度依賴或「給人過度依賴的印象」可能會影響其公信力。但外部的支持，尤其是早期的資源援助和後續的軍事援助，能夠增強進行抵抗的意願和能力。最終，政府以及抵抗領袖應與夥伴國家協同策劃，確保在公開或祕密的支援上能夠順利合作。

▲ 與夥伴國家的合作協議、聯合演習有助於確保協同作戰，甚至提前發現可能發生的問題。例如：經過演習，才會讓我們知道某些國家在進口設備或物資時，需要較長的海關清關時間。在這種情況下，接收援助的國家可能需要調整其法律規定，以確保在緊急情況時，能夠迅速接收援助和物資。

1-3-3　回到內政準備

a. 政府作爲

　　政府應主動向人民進行策略性溝通，提供關鍵資訊和指引，同時對抗敵方潛在的資訊戰（information operations，以下簡稱IO）。在戰爭前，應該預先設計資訊戰策略，確保有明確的敍事和相應的行動，並在危機發生時與抵抗活動同步展開。即使被迫遷移到新地點也要持續進行。政策制定者需確立適當的**法律架構**，以在和平時期確保行動的靈活性和風險管理。這些法律應涵蓋抵抗作戰，並在抵抗過程以及後續恢復國家主權過程，都能確保政府持續的運作。策劃內容應包括建立部門間的應急抵抗計劃、確保全社會的參與：從交戰規則到安全通訊和反情報的各方面。

　　上述這些策略可以跟那些專門應對自然或人爲災害的民間防禦策略結合。此外，提前進行的演習能夠確保從中央到地方的各級準備。作爲總體防禦的部分，這些都展現了國家的抵抗決心。以下是兩個透過向公衆提供資訊，以增強國家韌性和抵抗能力的例子：

案例1 立陶宛

2015年，立陶宛國防部發布了其第三版公民指南《為緊急情況和戰爭做好準備：對於嚴肅建議的輕鬆詮釋》（*Prepare to Survive Emergencies and War: A Cheerful Take on Serious Recommenda tions*）。這本75頁的手冊提供了針對入侵情境的生存技巧。手冊強調：「公民的意識和抵抗意願至關重要。當這些都很堅強時，侵略者在進行軍事入侵時就會遇到困難。」它告訴公民要密切關注鄰國俄羅斯的動態，指出俄羅斯在入侵初期可能會採用「否認和曖昧」策略。

這版手冊解釋了在俄羅斯成功佔領部分地區時，立陶宛公民如何觀察敵人和通報政府。它使用詳細的俄製坦克、槍械、手榴彈和地雷的圖片，幫助公民識別裝備，從而使每位公民都能成為一名觀察者。此外，它還涵蓋了基本的急救技巧、在荒野中的生存方法。

手冊提醒公民，保衛國家是「每位公民的權利和義務」，立陶宛國防部認為公民是組成早期警報系統的重要部分。此手冊的發布也是一種明確的策略性溝通，旨在威嚇侵略行為。此外，作為其早期警報系統的一部分，政府還為立陶宛公民設立了一個電話熱線，用於報告可疑的外國間諜。

案例2　瑞典

　　2018年5月，瑞典政府的民間應急機構
Myndigheten för samhällsskydd och beredskap
(MSB)向全國的480萬戶家庭分發了一本名爲《如果
危機或戰爭來臨》(If Crisis or War Comes)的20頁
小冊子。該小冊子透過圖片，展示了在遭受攻擊的情況下，人民如
何爲自己做好準備，並如何爲國家的「總體防禦」做出貢獻。

　　它提供了關於家庭準備的建議，解釋了如何確保食物、水和熱量、
如何識別警告信號，找到防空洞，以及如何在沒有政府援助的情況
下，至少自給自足一周。這是瑞典政府首次發布此類公共指南。該
小冊子還強調：在發生武裝衝突時，「每個人都必須參
與，每個人都是不可或缺的」，這是瑞典的「總體防禦」
策略。如果瑞典受到攻擊，「我們將永遠不會放棄。任
何聲稱抵抗將終止的訊息都是虛假的。」

b. 兼顧網路

　　爲了確保國家的韌性和捍衛主權，政府也必須在網路上進
行有效的防禦。敵人很可能在網路以混合戰的策略發起攻
擊。因此，識別和應對此類攻擊至關重要。這個空間由資訊
技術、基礎設施以及數據，三者相互依賴的網絡組成，其中
包括網際網路、電信網路、電腦系統，以及嵌入式處理器和
控制器。在網絡空間中偵測並防禦攻擊，有助於國家保衛其
國家主權和安全。這需要軍隊、其他政府機構和民間組織利
益相關者的聯合協同和整合努力。

② 如何規劃抵抗？

2-1 從零開始思考應如何規劃面對危機的程序與方法

　　戰略規劃過程應該基於我們對敵方控制機制的理解，以及相應地找出讓敵方行動失效的方法。政府應該事先考慮政治、戰略（長程規劃）、作戰（中程規劃）和戰術（短程規劃）層面，並通過演習來測試其計劃，也需確保地方層級已準備就緒（見第三部分）。戰略規劃過程應該處理地下和後勤網絡的建立和發展，並確認它們將如何啟動。它的角色和職責應該明確、確保外部支持的要求，以及在外援下運作的方式。這些規劃也應在國家和地方層級之間，採取適當的控制平衡，以確保潛在不同參與者的目標相同及成效。規劃必須是全面的、積極、並結合所有相關的利益相關者。政府規劃的緊密持續是必要的，並應該要包括通訊、組織、安全和監督等方面。

戰略規劃（準備工作）

規劃的一些準則	戰爭前應有的必要規劃
1. 瞭解敵人可能作爲與因應方式。	1. 政府流亡或播遷的規劃
2. 同時思考政治、戰略、作戰與戰術各層級	2. 抵抗組織的組織規劃與幹部籌組
3. 以「演習」作爲「驗證」及「落實」至各單位的方式	3. 抵抗行動的實際基礎設施（資金、武器、醫療等）
4. 應當思考：地下組織 和後勤單位的建立與發展（見第三部分）	4. 必要抵抗網絡
	5. 驗證及演練

圖 2-3 **戰略規劃（準備工作）**

2-1-1　爲流亡或政府遷移做規畫

作爲政府的延伸與延續，爲了要在被佔領的區域上恢復國家主權，這個最終目標，政府必須爲「內部遷移」乃至「尋求外國庇護」做規畫。

「內部遷移」極爲重要，因爲敵國可能會強制將政府從中央樞紐遷出，以此使合法政府難以執行治理。使得合法國家權威和國家機制陷入混亂、降低人民對政府管理能力的信心和信任。流亡或遷移的應急計畫應在國家法律架構內建立，且也需要在不揭露細節的情況下公開，以確保這種被遷移或流亡政府的可信度和正統性。

「流亡」（尋求外國庇護），就是我們將最高政府領導層從迫在眉睫的威脅中撤離。這勢必要與同意接收的夥伴國家一起計劃。這個戰爭前的計畫，**應當是祕密的**、知曉者應該只能有關鍵的官員（例如總理或總統、國防部長、外交部長等）、核心工作人員和他們的家庭，以避免佔領者威脅這些人，試圖影響政府決策。計劃必須包括辦公地點、必要設備和通訊的規劃，以便能夠從外部地點代表國家和其主權。**實體位置**可以是夥伴國家的某個外國大使館，該處也會是儲存重要文件的適當地方，包括政府如何持續運作以及和抵抗外敵的計劃。這個流亡計劃，還必須包括在威脅達到預先設定的標準時，那些被指定也要從國家撤離的人員的**安全通訊**和**運輸要**

求。如果國家沒有足夠的能力在必要時撤離這些人,那麼應該與有能力的夥伴國家制定合作計劃,以利在必要時安全地撤離這些人。為了確保戰爭前的政府保有正統性,法律框架可以聲明,政府撤離後,任何在被佔領地區內的立法或行政機關,其作出的政治決定都是無效的。這個法律或憲法框架,也可以有限的委託立法和行政權力給「戰時代表團」或「戰爭委員會」,直到戰爭結束。

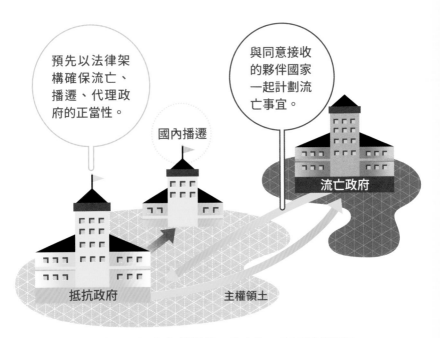

圖2-4　規劃原則:在危機狀態,政府也一定要持續運作。

2-1-2　建立預防戰爭的抵抗組織與核心幹部

在面對政府流亡的可能性時，我們必須同時規劃一個留守的領導組織。這個組織將在民間運作，協助執行抵抗作戰。也要設立具治理能力的「代理政府」，以便與敵軍的佔領政權抗衡。位於被佔領區域的抵抗政府，將協調地下和游擊網絡。因此，除了預先指定的代理政府領導層外，在危機發生前，也必須建立地下和游擊單位。

這些單位不需要所有成員到齊，但應該先設定一些核心幹部，包括領導者和某些經過訓練的專家，他們必須在危機逼近時即刻行動。在和平時期時，這些幹部就應該接受必要的訓練和教育，以履行職位職責。且在必要時（例如佔領狀態）指導並進一步發展組織。許多幹部成員不應該有軍事或政府的記錄背景，以防敵人佔領者在現役、預備役、後勤或退休成員的記錄中查到這些抵抗領導層。政府也應該在和平時期選定潛在的幹部領導層額外成員，並在必要時聯繫他們成為正式的抵抗領導成員。地下或游擊領導層必須理解如何在被佔領領土內外進行通訊、人事、情報和補給事宜。這種工作準備，讓領導者得以跟群眾建立聯繫，並可發展群眾的積極支持，這對衝突發生時的抵抗運動有正面幫助。作為網絡發展的一部分，領導層必須發展 CI 系統（反情報系統，Counterintelligence System），用以評估每個抵抗成員

或後勤參與者的忠誠度。爲了保持通訊安全，抵抗領導層也必須建立方法讓抵抗成員有內部聯繫方式，同時區隔措施以維持安全。

以下是在建立抵抗計劃時，應當思考的幾個關鍵問題：

a. 中心化的抵抗規劃

一個可能的行動方案是在國防部（MOD）或內政部（MOI）內設立一個由文官領導的國家危機管理中心，來組織、監督和領導政府的抵抗規劃和準備，包括在政府命令下，啟動抵抗計劃。抵抗階段的規劃，包括確認**關鍵作戰職位**並**指派這些職位的人員**，政府應該確認哪些專業人員應該就位，以利用他們的專業知識協助抵抗運動；哪些專業人員擔任後勤角色，包括收集和傳播關於敵方活動的訊息或假訊息。

b. 抵抗組織的架構

抗爭組織的適當結構取決於各國具體特性，與地下部門、游擊隊員、後勤力量和代理政府的組成密切相關。政治、物

理、社會文化和其他環境將決定抗爭的規模、形式、活動和範圍。政府必須理解這

些特點以及自己國內如何影響建立、組織和發展抗爭能力，因爲這對於驅逐佔領者，乃至於重新獲得國家主權的戰略目標，至關重要。

c. 關鍵人物的位置

將最合適的人選放在關鍵的決策位置上是很重要的，要確保能有最佳的訊息支援，以幫助他們的決策與行動，並讓他們爲其決定負責。經驗與其社會角色可能決定了某些人最適合哪一個網絡，例如地下部門、後勤組織、游擊隊伍或代理政府。然而，不是每個人都適合積極參與抗爭。許多社會成員，如政府官員、公民、商業領袖，甚至是知名人物，由於高知名度，而不適合積極且定期地參與地下活動，或許他們適合非經常性的後勤功能，不過，他們應該被隔離於其他抗爭行動之外，因爲敵人不可避免地會監控他們的行動。在分配角色和責任時，始終應考量到行動的安全。

d. 被動抵抗──一般民眾的不配合行動

卽便不是抵抗組織的成員，民眾在未被動員的情況下，仍有多種機會進行被動抵抗。社會各階層的人可以透過非暴

力、祕密或被動的方式，採取行動，以削弱敵軍的士氣，或打亂其日常運作。在戰爭爆發前，政府應確保民衆瞭解他們自身可以如何對抵抗作戰做出貢獻，在佔領期間，特別是在被佔領的區域內，向民衆（尤其是非組織活躍成員）傳達被動抵抗方式有哪些，主要落在地下部門的肩上。被動抵抗包括故意降低工作效率、聲稱不知情而忽略某些規定或規則、對敵人所需的物資進行錯誤計算或不進行記帳，以及其他許多以無知、恐懼或錯誤的訊息爲藉口或掩飾的活動或不作爲。

e. 抵抗組織的組成比例——鄉村／城市的安排

傳統上，抵抗組織要想取得成功，通常需要鄉村和城市兩方面的元素。在那些土地面積廣闊，有足夠地形讓大規模的游擊隊行動的國家，其抗爭組織和戰略計劃，都會更著重讓軍力先控制大片內陸區域，再將注意力轉向城市（城市地區的政府，可能因爲失去國家其他地方的支援基礎，而逐漸喪失控制權）。在山林中，游擊隊的比例會高於地下部門和後勤成員，因爲在城市環境中，公開的游擊隊無法自由行動。

隨著全球都市化程度提高，抗爭組織的城鄉元素之間的平衡已經發生變化，城市行動的重要性日益增加，尤其是

由地下部門、後勤組織、代理政府和被允許的公開抵抗部分，所進行的城市行動。此外，技術的進步使得在鄉野地形中，游擊隊的藏身之地很容易被發現。這增加了城市網絡的重要性，特別是對現代的地下部門，它們會活用高密度人口的匿名性，在城市人群中穿梭行動。

f. 抵抗的合作單位──跟黑道與非編制單位的合作明智嗎？

組織架構必須鼓勵道德行為並控制暴力行為，領導層可以根據成員的個別表現，提供適當的獎勵，或採取糾正措施來強制道德行為；因此，吸引人民「主動參與」，而不只是依賴「徵召」來增加成員變得非常重要。獎勵可以是精神層面的認可，可以是提供參與決策的機會、給予成員家庭的經濟支持，或組織內的晉升。針對抵抗單位的「領導力」、「成員」和「行動」等表現進行評估，讓領導層了解需要改正的缺點，這個過程有助於確保抵抗達成期望目標。

無論結構如何，那些不受合法政府控制和支援的抵抗單位，可能會為了生存而忽略法律和道德規範。抵抗的領導層如果想要為了短期利益而與犯罪集團合作，必須非常謹慎，因為敵人有可能利用這種關係，將人民和國際輿論轉而反對我方。在危機前的規劃階段，應該在法律和組織上定位「孤立的抵抗力量」和「犯罪集團」這兩種單位屬性。

g. 集中化和分散化──兩難的選擇

有效的組織架構，能幫助抵抗運動領導層維持行動掌控，並良好的管理行動中可能升級的緊張或暴力。抵抗運動必須平衡「集中化」和「分散化」之間的競爭，集中化可以滿足不同部門間協調活動的國家層面需求，允許在法律框架和倫理規範內增加運作正統性，但也增加了對手偵測抵抗成員，而一舉瓦解組織的風險；分散化則是將每日行動的權力和責任，交給最了解其行動的「地方抵抗單位」。計劃之外展開的事件，分散化組織也能進行更快的適應。但分散化需要更多有知識和能力的領導者，來理解和執行他們的上級指揮意圖（如美國陸軍準則中的任務指揮）。

2-1-3　抵抗作戰的實際基礎

在危機爆發前，應該預先取得抵抗作戰所需的各種物資，包括資金、武器、彈藥、醫療裝備，以及通訊設備。這些物資可以儲備在事先規劃好的地點，或由特定的政府機構集中掌管，等待分發命令。儲藏地點應根據需要進行調查、指定、佈署、並且確認需要時能夠隨時補充。政府可以授權和平時期在政府或軍事設施外的地點儲藏某些物資（例如武器和彈藥），或者只在特定危機爆發時允許儲藏地點儲存物資。

除此之外，政府還應確保有充足的資金和物流，以支援所

有其他的預備活動，同時必須在法律框架中納入這一方面的考量。

2-1-4　抵抗運動所需的網絡

必要的網絡包含（但不限於）：物流、醫療、資訊傳播、財務、教育與培訓、運輸、招募、通訊、情報與反情報、安全，以及破壞、顛覆活動等領域。

2-1-5　驗證與演習基礎架構及計劃

當人員確定、物資取得，網絡也被建立後，政府應該利用這個機會來測試能力，找出其強項和弱點。演習就是一個極佳的驗證方式，不但能夠找出自身優缺點，還可以促進各機構、組織、夥伴國家熟悉彼此的協調性。

政府組織的抵抗單位，必須在危機發生前，進行訓練、排練、演習，從此了解他們的抵抗能力。這也是增加與值得信賴的夥伴國家互動的機會，以此確保協同能力，也藉此找出抵抗活動「非標準」但必要的事項。關鍵利益一致者之間的協調和同步非常重要。這些演習不僅可以評估能力，也可以作為戰略溝通威嚇訊息的一部分。例如 2018 年 6 月，瑞典動員了其所有 40 個家鄉護衛隊（大約 22,000 名志願兵）進行自 1975 年以來瑞典最大的突發戰備演練，目的是通過提升

運作能力來強化軍事威嚇。在危機中,家鄉護衛隊負責保護瑞典國內的核心功能,以便釋放專業軍隊出來執行其他前線任務。

3 韌性的威嚇效果

　威嚇的首要步驟,是要確定我們最不希望敵方採取什麼行動,這勢必建立在我們對敵方的目標及其手段的瞭解。通過建立可靠的抵抗準備,來提高敵方侵略我方的預期成本,可以有效地影響敵方的決策。在資訊爆炸的環境中的威嚇,對民主國家來說是日益複雜的挑戰,由於存在多種形式的自由和保障。民主與專制政權之間的這種不對稱,讓民主國家難以採取反政治宣傳活動。協調的、集體的防衛是首選,比單獨由個別組織的準備和行動具有更大的威嚇效果。因此,公開抵抗的準備和演練本身就可以達成威嚇,例如立陶宛2015年的「準備生存緊急情況和戰爭」或瑞典2018年的「如果危機或戰爭來臨」(見頁35、36)。

4 抵抗在防衛規劃中的定位 ──抵抗的「準備」本身就是一種韌性

4-1　規劃與架構

　　抵抗行動規劃應該是國家防衛的一部分，也被看作是打造國家韌性的一環。這樣的抵抗行動需要在佔領者出現之前就先行規劃好，政府得制定一個清晰的法律框架來批准這些組織，確保這些組織有適當的培訓和裝備，並且設立政策架構授權這些組織的動員、使用及之後的解散。

4-2　通訊與威嚇

　　法律和政策框架的資訊必須公開透明，以確保這些事務在國內的正統性，這也意味著潛在的侵略者也能夠閱讀這些框架。這些框架也是國家戰略溝通策略的一部分，並支持整體的國家威嚇策略。

4-3 限制抵抗組織的角色

抵抗組織是針對佔領者而設計的，在戰爭發生前，不應該以對付「祕密侵略行動」名義進行「執法行動」。指定為抵抗成員的人員，例如選定的幹部，不僅應接受必要的訓練，還應在嚴格的保密措施下參與防衛準備演習，以保護抵抗計劃的細節和個人身分，演習應該用來訓練關鍵的抵抗成員，使其具備各種抵抗作戰的知識。演習也需要納入抵抗作戰及其活動的法律和政策框架。

4-4 政府部門與民衆

抵抗活動作為國防規劃的一部分，應該擴展、納入更多政府和民間機構，即便這些機構原本不直接屬於國防架構。其他政府部門和民間的安全與執法團隊，也得明白抵抗的重要性，和他們自己在抵抗中扮演的角色，貢獻其專業和資源來幫助規劃（見第三部分第12節的「抵抗的威嚇」）。政府有責任通過全面國防，包括民防部分，讓大衆參與進來。在這樣的計劃中，市民應該了解到「非暴力」和「被動抵抗」。過去非軍事民衆參與的歷史可以幫助我們更全面地規劃。

4-5 風險高低與對抗不同階段的關係分析

　　進行抵抗規劃，對於可能受到侵略者威脅的國家來說，是一項風險較低的活動。被威脅的國家應該把這樣的規劃，當作一種威嚇手段、一種建立國家韌性的方式，並在衝突發生時保衛其人民。公開某些常規軍事演習、軍力發展、抵抗能力的規劃和準備方式，能夠發揮威嚇作用。除此之外，國家應仔細評估自己的弱點，從事國家韌性建設，並對人民進行面對「潛在衝突」和「抵抗佔領」時的心理準備。當侵略者發動衝突時，國家的常規部隊（CF）將被動員，抵抗組織被啟動。在佔領期間，民眾可以從事「非暴力」和「被動抵抗」活動，針對敵人展開情報行動（IO），國家則進行國家抵抗戰。在這期間，一旦敵人開始佔領，且友軍CF被敵人擊敗或以其他方式被壓制，或者移動到夥伴國家的領土，國家將繼續進行抵抗，並且創造友軍進入的機會。當敵人被擊敗，我方重新在原本被佔領領土上建立國家主權後，部隊則需被撤離並重新整合，同時重建國家威嚇力。下一章將重點關注抵抗規劃，進一步說明這一進程。

PART 3

第三部
抵抗

面對戰爭雙方的動作與反應可能是如何？

國內政府單位首當其衝的面對層次有哪些？

敵方動作的簡單分類

我方抵抗的原則清單

抵抗組織的主要單位有那些？

抵

本章說明

　　當敵人已經啟動佔領活動，我們可能會遇到哪些狀況，該如何一一面對？我們應該採取哪些明或暗的行動？以便重新取回主權、恢復我們原本的生活。

抗

我方不同部門可採取的作戰方式有哪些？

當代戰爭有哪些溝通工作應該要作？

如何建立地下組織？

地下組織的權責及功能

抵抗時期的治理（含政府流亡狀態）

一般人民可採取的非暴力抵抗

關鍵字

地下部門 相對於官方的治理單位或軍隊，在民間進行各種
任務的組織。

游擊隊 通常為非正規士兵，是抵抗單位中的武裝單位。

　　當外國勢力佔領我們國家的土地、主權時，無論是直接佔
領還是透過其他名義（傀儡），我們就會啟動抵抗行動。但這
種抵抗處於模糊狀態，不會非常清晰明確。如果在衝突爆發
前就先開始抵抗行動，這些行動可能激怒侵略者，成爲正式
侵略的藉口。如果敵方採取不對稱戰爭的手段，那我們在戰
爭前的「建立韌性」和戰爭時的「抵抗作戰」二者的界線，就
可能會變得模糊──這兩個階段有時會重疊。在危機來臨之
前，做好規劃和準備，同時界定敵方的行動和行爲指標非常
重要，這個指標就可以成爲韌性通往抵抗的啟動原則。

　　根據韌性和威嚇的不同面向，敵方的行動可能會轉換成我
們的三種行動條件：我們部分失去主權、完全失去主權，或
者，我們的主權受到侵害。

侵略者行動與國家抵抗有怎樣的連動關係？[5]

圖3-1所述：

- 侵略者的不同作為，改變了我們身處條件，進而會讓我們採取不同的因應對策，可能就會迫使我們啟動國家抵抗。這張圖只有在「國家軍事防禦」和「防衛／抵抗」這兩個期間提到軍事行動，並未深究國家常規軍隊的行動。
- 在和平時期（即圖左上標示的「國家主權穩定」時期），由於周邊強權國家有發起侵略行動的可能，因此國家會致力於打造韌性並準備抵抗規劃。本圖假定侵略者可能會從較低級別的侵略起步，也可能與常規部隊的侵入行動相結合，形成「混合戰」（圖中標示「混合行動」）。

---

5. 本書之目標是鳥瞰整個戰爭各個階段的特徵、定義、應該採取的行動，如此，複雜而龐大的組織（包含軍隊）才會明確知道：現在屬於什麼「狀況」或「階段」，應該是「誰」？採取什麼「行動」？因此圖片與文字都會試圖非常抽象地定義可能發生的事情與階段。有這樣的準則，戰時被迫是失去溝通管道的不同組織，也有較高的機率，做出相同的判斷，做出目標一致的努力。

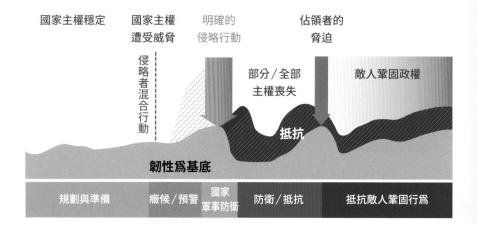

圖 3-1　持續規劃抵抗方案

- 如果在各種「癥候與預警」下，判斷侵略者的意圖變得清晰，國家將會啟動抵抗組織和常規軍隊。雖然威脅的範圍依然不一定非常明確（可能利用傀儡組織在國內進行），但基於侵略者的活動，我們仍應設定已經進入危機時期（即「戰爭開始」）。
- 隨著侵略者的意圖變得更清晰，抵抗活動可能會有起伏。如果抵抗作戰挫敗敵人的行動、對敵人造成一定程度的傷害，那麼敵人可能採取人口管制措施（例如遷移限制、集會限制）。這些措施都會削弱我方的抵抗活動。
- 在情況穩定後，抵抗勢力（我們）將尋找並把握機會對

敵方採取行動，維護民眾士氣及恢復獨立的希望。

- 最終，抵抗勢力將協助創造出得以引入友軍軍力支援的條件，[6]並且（或者）制訂和解條件，以恢復所有被佔領領土的國家主權。（見圖3-1）

② 主權國家在應對敵人的行動上有哪些部門與層次？先後順序爲何？

在敵方採取行動之前，被攻擊的國家將依照其國家能力，如情報服務、法律執行、常規軍事部隊、特種作戰部隊（SOF），建立自己的防衛系統；然而，如果國家評估自身對抗侵略者的防禦能力不足，則必要成立一個抵抗組織。

---

6. 這本書假設，要從強大敵國手中奪回領土與主權，最後非常有可能需要夥伴國家的軍隊協助。根據主要撰寫者Fiala博士的私下說明：這主要是目前根據不對稱戰歷史案例所提出的最有勝算的腳本。

　　國家的情報機構應該是最先意識到侵略者行動，並通過既有管道，將此訊息傳達給國家領導層的組織。敵方可能會花多年的時間，在我方境內發展不對稱能力，以此測試我方的情報能力和執法能力。本書將這種不對稱攻擊，視爲混合戰爭的一部分，這些攻擊的實際執行階段，限定在直接或傀儡組織發動入侵行動**之前**（見圖3-2）。

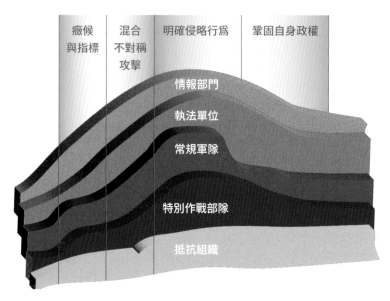

圖3-2　**敵方對國家情報、執法、軍力的影響**

在這個混合攻擊期間，國家能力的幾個面向將會對敵方的行為作出回應。由情報支援的執法部門，可能是首先與混合攻擊（例如敵方傀儡組織）接觸的防衛資源。當敵人公然侵入國家的主權領土時，常規軍隊和特種作戰部隊，則將扮演更為重要的角色。當敵人開始鞏固其佔領時，一般的執法工作應當繼續維持，例如打擊一般犯罪活動。

如果最終我方被擊敗，常規部隊被解除武裝，部分（可能事先指定的）人員可以歸入敵後部隊和抵抗組織，部分甚至可以被轉移到夥伴國家，以便後續配合與更大規模的常規軍繼續戰爭，正如二戰時波蘭所做。在被佔領的領土上，國家情報部門持續祕密運作，它們可與執法部門合作獲得大量情報；至於特種作戰部隊留守淪陷區、融入群眾繼續地下活動，敵方將無法區分他們與抵抗組織的活動（見圖3-2）。

3　敵方侵略我們（主權國家）時的分析方式有哪幾種？

3-1　敵方可能採取的行動

敵方將使用各種評估工具的變體（見頁30）來評估目標國家，並且會基於他們自己的目的、方法和手段，以及對侵略我方進行風險分析。根據這些評估，敵方對我們的行動可能有三種結果：

3-1-1　讓我們部分喪失國家主權

敵對勢力將目標國家部分領土置於其控制之下。部分佔領指的是敵對政權已經在佔領之領土上建立權威；合法的國家政府只能控制其先前領土的一部分

3-1-2　讓我們完全喪失國家主權

整個目標國家處於敵方的權威和有效控制之下，很可能通過武裝力量的支持，來通過傀儡組織統治，而不再由該國原本的合法國家政府管理。在這種情況下，原本的合法政權可能以流亡政府的形式，從被佔領領土之外指揮抵抗作戰。

3-1-3 非領土式的主權受到侵犯

敵方針對一個或多個國家權力的脆弱點，通過脅迫性的資訊戰（IW）破壞國家權力，導致合法主權政府治理能力效率降低。這種破壞行為可能局限於目標國家部分區域，也可能涵蓋全國，最終導致實際上的領土和／或主權行動能力的喪失。

3-2 達成上述結果的技術可能包括但不限於：

▲ 進行網路戰、網路中斷和網路破壞，

▲ 利用易受攻擊的群體（例如：種族、宗教或族群群體），

▲ 攻擊關鍵產業以破壞經濟或金融，

▲ 使用專業軍事期刊中常見的混合戰術和不對稱戰術，

▲ 傳統的軍事攻擊，

▲ 綜合使用上述策略。

④ 戰爭發生時，規劃抵抗運動要思考哪些重點？又應該注意哪些原則？

4-1 抵抗運動計畫需考慮幾個關鍵要素

4-1-1 籌組單位

在戰爭發生前，政府應先建立一個籌組單位，以創建、發展並指導一個能夠對抗潛在佔領者的抵抗組織。這個單位，可能適合設置於國防部或內政部。為了要有籌組和招募抵抗能力，政府的情報服務扮演重要角色，也能充分利用退休人員。然而，基於安全的理由，大多數抵抗領導和關鍵人員，不應該有軍事或政府的記錄。籌組單位應為每個抵抗單位招募具有領導力的人才，以協助準備抵抗組織，形成核心幹部。籌組單位應該開發、演練並測試抵抗計劃。

這個籌組單位也可以是一個由中央政府各部門高層決策者組成的機構，其身分應保密，甚至機構本身也是祕密的。這些人開會向政府高層（例如總理或總統）建議行動，然後高層選擇完全或部分地指導建議的行動；或將建議發回，進一步

考慮和發展。這樣的祕密機構的優點，在於盡可能保護抵抗計劃的內容，不被敵方所知。具體規劃的內容，例如網絡、藏匿處、與其他國家的合作協議，以及幹部人員的細節，可以採用分層級制（上下）的或分組型（平行）結構中完成。這些被分隔的規劃者或小組，會在受限範圍進行規劃。如此，沒有一個人會知道整體計劃的所有細節，降低這些內容洩露的風險。儘管成員和活動是祕密行動，但應當如同其他政府機密一樣，機構的建立和運作必須符合授權的法律框架，以確認它們是合法的。

4-1-2　統一的抵抗敘事

　　一個完善的抵抗敘事將能統一政府和社會職能、銜接公部門與民間部門的行動。在危機之前建立完成的**國安威脅應對策略**，可以為抵抗敘事提供基礎，概述了政府如何建立韌性，並為需要抵抗的突發情況做準備。指導敘事應該謹慎制定，以確保它能與民眾產生共鳴。敘事將為政府、其人民和國際社會之間的溝通提供良好基礎。更重要的是，精心構建的韌性敘事也可以作為針對敵方的戰略性威嚇。

4-1-3　一致的目標與意圖

　　一個國家抵抗運動的成功，有賴於人民的支持、參與、貢

獻，以及各種為了完成抵抗作戰目標所需的資源。社會中的每個人，都可以參與抵抗運動、執行各種任務。儘管根據歷史經驗，大多數人可能保持被動或中立的態度。但為了達到最大效果，即便不涉及全國大多數人，國家內的所有行政區都應當設有抵抗組織的單位，以進行有效的國家抵抗運動。政府也必須教導民眾不會危及自身或家人的實際抵抗方法。

正如一位英國將軍在1946-7年印度人民要求獨立時所說的：「你不能永遠用刺刀收稅。」如果沒有民眾的同意，導致政府不得不以強制手段來強迫民眾遵從，如此可能在國內外喪失正統性。因此，**一致的目標**和**政府激勵民眾採取行動的能力**對國家抵抗至關重要。

4-1-4　法治的維護與政治正統性

遵守法治是正統性概念的內在要素。這兩個概念彼此支援。落實法制才能維持政治正統性。

a. 法治

落實法制意味著所有個人、機構（無論公私）、國家本身都要受到法律的約束。法治確保權力不被濫用，並且只能在法律所允許的範圍內行使，所有的抗議或抵抗作戰都仍應恪守法治的原則。

一個國家的法治體系，建立在**法律架構、公共秩序、法律可歸責性、公開的司法途徑**，以及**尊重法律的文化基礎**上。法律制定需要公開，執行需要公平、且由獨立機關來審裁。此外，法律還需**符合國際人權標準**。對法律的尊重還涉及到法律的至上性、法律面前的平等、對法律的可歸責性，以及公正的法律適用。

b. 政治正統性

政治正統性的基礎，在於將國家視為「通過社會契約而建立的政治組織」。在這契約中，合法的政治權力源於被統治者的共識和認可。為了展示其對法治的支持並增強其正統性的論據，**抵抗運動進行的任何暴力或非暴力措施，都應該符合適用的國家法律和國際法的框架。**

暴力措施例如游擊戰襲擊、伏擊、破壞和其他活動。如果抵抗組織控制了某些領土，透過嚴格遵守法治，便能夠保持其政治上的正統性。

4-1-5 抵抗作戰的監管與控制

透過政府各單位及其他社會成員間的實際規劃，能建立明確的架構、程序，以此導引和監控抵抗活動。抵抗的領導層，必須嚴密監控所有抵抗作戰，以**確保其行動符合法律和道德**

準則。任何未經正式指揮就展開行動的抵抗單位，會破壞整體抵抗組織堅守法治的形象，也因此讓敵方得以宣稱抵抗組織並無代表性。雖然實務上，抵抗組織或政府很難能夠控制所有行動，再加上，試圖全面控制或許會帶來安全隱憂，因為那會需要頻繁的通訊，這些通訊方法一旦被敵人破解或干擾，將威脅到整個通訊網絡的成員。

抵抗組織的領導層必須預警可能的假旗（False flag）[7]作為，此類作為目的，是誤導大眾，讓大眾對抵抗組織產生反感。任何出現在國家抵抗組織中的不一致行為和控制失效，都可能加強這些虛假攻擊或指控的說服力。抵抗運動的領導層如果能夠有效控制組織行動中遵守嚴格的道德守則，也會更加鞏固其正統性。

設定明確的目標並採用任務型指揮策略，可以更有效且安全地引導活動。我們應該鼓勵大眾提出創新和獨特的觀點，如幽默地諷刺敵人，這不僅能夠打擊敵人，還能提振我方士氣。

4-1-6　政府全面合作與社會全面參與（總體防禦）

政府如果在戰爭爆發之前，就已完成抵抗規劃，對建立抵

---

7. 敵人製造和散播虛假的抵抗活動訊息，以破壞抵抗組織的公信力。

抗活動的組成部分和能力非常有幫助。爲達此目的,政府需要強化並制度化各政府機構、民間團體及民衆之間的合作,讓整個社會爲抵抗做好準備,這也是增強社會韌性的一環。多數政府機構都能夠與民間團體、各行業或專業協會、或非政府組織建立合作。爲了能夠接觸到更多的群體並有效地策劃抵抗活動,各政府機構之間的緊密合作是不可或缺的。

4-1-7 敏捷性(Agility)和適應能力

抵抗活動常受到支援者與敵方的影響。因此,抵抗活動必須具備隨時適應變動的能力。支援者可能隨時更改他們的支持方式、規模或時機,而敵方也可能調整其對佔領地的控制方法,或應對抵抗的策略。若不能即時調整和適應,抵抗組織及其目標都可能會面臨滅亡的命運。

4-1-8 戰爭開始後的政府持續運作

政府「內部」在抵抗計劃上的共同合作,會是確保抵抗作爲國家防衛策略中一個可行方案的關鍵。深化政府間及國際間的規劃,將可以進一步加強抵抗計劃的實際可行性。此外,對於那些流亡或被迫遷移的政府,必須制定政府仍能持續運作的計劃。這之外,還需要在被佔領領土上設立「代理政府」制定相關計劃。

a. 政府間以及國際之協同

這種協同確保抵抗運動的角色與責任被明確定義，增強了政府流亡或被迫遷移時的公信力和正統性。政府間的規劃涉及與其他政府及國際規劃的合作，也可以善用僑民資源和與其他國際組織互動。尤其在政府運作、訊息傳達、情報收集和資訊共享方面，這種理解尤爲關鍵。定期的訓練和模擬演習是促進協同與驗證規劃的有效方法。

b. 法律架構與政策

需要建立與被認可的法律框架，這是爲了順利部署和實行抵抗策略和行動。法律與政策框架應鼓勵各部門間、各國政府之間的戰略溝通和資訊分享，這不僅符合安全操作要求，也能有效支援抵抗作戰並增強其正統性。

c. 國際合作協議

在戰爭發生前，應與夥伴國家及相關國際／多邊組織建立正式的合作協議，共同支援抵抗作戰，這不僅增強其正統性與韌性，也可以作爲威嚇敵人的手段，並在抵抗時期使行動更爲迅速與順暢。

d. 抵抗網絡

　　所需的抵抗網路應該在戰爭發生前，就先制定好並預先配置好，提供給抵抗組織網絡核心成員，這是提升整體韌性的關鍵措施。這些網絡應涵蓋許多方面，例如：物流、醫療、資訊／傳播、財務、人員教育與培訓、交通運輸、招募、通訊、情報／反間諜、保安，以及進行破壞與顛覆活動等。

⑤　抵抗組織的構成要件

5-1　四大核心組成：地下部門、後勤支援、游擊隊、公開部門（官方單位）

　　抵抗組織主要由四大核心部分組成：地下部門、後勤支援、游擊隊和公開部門。抵抗的目標、戰略和成果，將確定每一部分的發展及其相互關係。地下部門和游擊隊是同時涵蓋政治和軍事的實體，而地下部門通常是基於領導能力和公眾的意願，首先成立以對抗佔領者的單位。後勤支援的兼職成員則提供祕密支援，以協助地下部門和游擊隊。公開部門是明

圖3-3
抵抗組織的核心組成

確的官方單位——如果佔領者允許公開部門的存在，那麼它可能會代表抵抗組織去跟佔領力量或其指派的單位進行協商，所以也可能在佔領區作為代理政府、流亡或被迫遷徙的政府代表。這四大核心部分——地下部門、游擊隊、後勤支援和公開部門——之間的關係是動態且不斷演變的，隨著內外環境的變化而調整。

5-2 其他治理構成要件：流亡政府（國境外）、遷徙政府／首都尚未被佔領的政府（國境內），或代理政府

　　除了核心構成要件部分，政府應該預先策劃、組織並預備外部流亡的政府（全部國土被佔領時）、內部遷徙但在非被佔領領土的政府（當首都被佔領時），以及在佔領區域的代理政府。這些情況都要能維持治理能力，這也將維持抵抗運動的正統性。

在國土全面被佔領的情況下，需要一個流亡政府。當首都被佔領但國土部分地區未被佔領時，國內遷徙的政府仍可能在國內運作；或若是部分國土被佔領但未及首都，政府仍能在其原來地點繼續運作。代理政府主要是代表並協助已遷徙或流亡的政府，在被佔領區域內進行祕密治理，它可能與佔領區的統治結構平行存在，維持或增加民眾對佔領者的抵抗士氣。

5-3　民眾的參與

儘管民眾不直接屬於核心組織或其他治理構成要件，民眾對於抵抗運動的支持仍是關鍵。抵抗的構成要件來自於人民，而且深植於人民，所以抵抗可以說依賴人民的支持。儘管許多人會反對侵略，但他們可能不會直接加入抵抗或支援行動。然而，他們可以採用低風險的被動抵抗方式，從而阻撓敵人的統治力量。政府在戰爭前，應將這些被動抵抗方式傳遞給大眾，增加其韌性，威嚇潛在的侵略者，並在佔領期間協助抵抗。

被動抵抗的形式多種多樣，從挑戰特定法律，到完全不理會敵方政府命令。被動抵抗可以發揮巨大力量，甚至挑戰強大的軍事對手，或至少將他們帶到談判桌前。

經由規劃、策略制定和管理，將個別、孤立的抗議或防衛

行爲整合成對敵人產生更大聯合效應的活動更會非常重要。如果可能，民眾也可以參與許多公開的非暴力抵抗方法。這些行動可以分爲以下三個類別：抗議和說服、不合作，以及干預。

5-4 抵抗與其它衝突不同

我們將國家抵抗視爲遭遇外國侵略的一種戰爭戰略。該戰略運用非暴力和暴力的方式，試圖削減、消除佔領者的力量。一般的抵抗，源於民眾希望驅逐佔領者或其所設立的政府。歷史上，抵抗的組織和行動已經有許多種形式。在這裡，我們爲了專注討論，會將抵抗與其他衝突區分開來，例如其他族群或宗教團體對抗敵對派系的「衝突」，或是針對已經長期建立、可能擁有某些類型正統性的政府的「叛亂」。

5-5 領袖的角色

抵抗運動的領導者，通常會是由某些固定群體中的領導者擔任、如退役軍官、宗教領袖、大學教授、地方官僚或社區，因爲根據歷史的抵抗或叛變事件發生時，這些群體中經常會產生領袖。但也可能在戰爭前的籌組過程中，經過審核，並

被指派爲抵抗組織主要構成要件的不同層級的領導。抵抗的領導層必須維護，或者加強人民抵抗和驅逐佔領者的決心。人民必須被說服，相信恢復其主權是可能的。如同其他種類的衝突，維持民衆對抵抗的支持是非常重要的。隨著運動的進展，抵抗組織的主要成員也應隨之擴展。

5-6　抵抗組織的核心構成要件

5-6-1　地下部門

　　傳統上，地下部門是在被佔領的城市地區進行活動。它由**政治**和**軍事實體**組成，旨在執行政治和軍事行動。地下部門的主要職能包括：

▲ 建立情報和反情報系統，

▲ 運營抵抗性的傳播方式，

▲ 控制如報紙、傳單印刷廠、社群媒體、衛星電視或網站的媒體管道，向大衆和外部世界傳達訊息，

▲ 製作如僞造身分證明、爆炸物、武器和子彈等特殊物資，

▲ 管理運送人員、藏匿被敵人追捕的成員、維護後勤和募資的網絡，

▲ 在都市地區實施破壞行爲，以及

▲ 提供祕密的醫療服務。

5-6-2 後勤支援

後勤支援主要指那群在背後祕密支援游擊隊或地下部門的人。他們可能只參與單一次活動，也可能根據需要，多次進行特定任務。他們的參與多爲不定期。

後勤支援並非獨立組織，而是都會地下或游擊網絡的一部分。後勤隊員大多是社區中的兼職志願者，他們的價值在於他們在社群中正常、被認同的位置。後勤支援也不是單一性質的組織，而是由多種功能的人員組成，這些人員在城市的地下網絡或游擊隊網絡中扮演各種獨特角色。他們的職能可以是物流支援、勞務提供或情報搜集。大多數後勤隊員可能只知道他們的專屬任務，或如何支援網絡或組織的有限部分。因爲相對來說，他們常常與佔領者接觸，這使得後勤隊員承擔相對較大的風險。但由於他們對抵抗組織的瞭解有限，一旦他們被俘或不能再提供支援，對抵抗運動的風險相對較小，也容易被替換。抵抗運動的領袖在選擇新成員時，會利用這些後勤作業來檢驗人員的忠誠度。這些後勤工作有點類似人體的結締組織，它們作爲無數的纖維將抵抗組織與國家和社會實體連接起來，並爲地下和游擊隊伍提供支援。他們還可能根據自己的位置，提供有關佔領者活動的早期警報。具體的功能涵蓋：

▲ 物流的採購和配送（各類供應品），

- ▲ 特殊材料的生產勞工，
- ▲ 保護地下設施和游擊基地的安全及提供早期警告，
- ▲ 收集情報，
- ▲ 新成員招募，如信差和消息傳遞的通訊網絡人員，
- ▲ 媒體資訊的發布，
- ▲ 安全屋的管理
- ▲ 負責物資和人員的運輸

5-6-3　游擊戰部門

　　游擊戰不同於由裝備齊全、在大型單位受過專業訓練的常規軍隊所進行的正規戰。從事這類戰爭型態的人通常被稱作「游擊隊」。他們主要是非正規軍人，代表了抵抗組織的武裝部分。他們或是敵後軍隊，或是經過挑選、培訓的民間人士，或者是兩者的混合。與佔領者的正規軍相比，他們在裝備和能力上常常處於劣勢（特別是那些沒有軍事背景的平民。）游擊戰的策略通常涵蓋突襲、伏擊、破壞以及進行各種干擾，旨在打擊敵軍的動作、破壞其士氣並削弱其實力。隨著人民對抵抗運動的支持增強，游擊隊的規模也可能隨之擴大，進而更有力地對抗敵人。

a. 爲了區分其他類型的「非正規部隊」──如「雇傭兵」和「犯罪集團」

我們必須正確使用「游擊隊」一詞：「游擊隊」是受到合法、可能是在境外的流亡的或代理政府的監督。游擊隊主要是組織內的非正規的且主要由當地人民組成的武裝單位，採軍事方式組織，負責在被佔領地區執行軍事和準軍事行動。「**雇傭兵**」則是被支付報酬後忠誠於某方的人。「**犯罪集團**」則是專門爲了利益而進行非法活動的組織。這些團體可能被各方利用。在抵抗作戰中，雇傭兵和犯罪團體的存在可能對抵抗組織的公信力造成威脅。佔領勢力或其扶持的傀儡政府可能利用這些團體打擊抵抗運動。

b. 游擊隊，作爲軍事組織，也有類似傳統軍隊的指揮結構

游擊隊的指揮官下有各種工作人員和單位。雖然這些組織在被佔領地區的規模可能較小，但他們在多個領域如人事、通訊、醫療和後勤等都承擔重要職責。此外，這些指揮官還需向抵抗組織的高層領導匯報。

5-6-4　公開部門／官方之政治部門

公開部門是一種在佔領區的公開政治抵抗，通常取決於佔領者或其政府是否容許存在。該部門並不是代理政府或流亡

政府。這種抵抗方式可能會以**類似反對黨的形式存在**，讓抵抗力量可以同時進行非暴力和暴力的反對。這種公開的抵抗部門可能得以與已經魁儡政府或佔領方進行對話。此外，它們還會公開尋求國內外支持者的支援，並組織這些支援行動。在一個沒有流亡、被迫遷徙或代理政府的抵抗中，這些公開部門可能成爲抵抗的領導實體。如果規劃完善的狀態下，他們也可以是代理政府、流亡或流亡政府的領導所領導的公開部門。這一部分可以是大型組織，或者僅僅是一位發言人。

佔領者可能逐漸對這類活動失去容忍。當佔領勢力或其傀儡代表對這些公開部門施加壓力時，這個公開部門或將需要修改其公開政治立場，以便能夠持續公開運作。如此，其對抵抗的支持將不得不改爲祕密進行，或以間接的方式，以免失去在佔領區內公開行動的能力。

若佔領者完全打壓這些公開政治部門，那麼抵抗活動可能會透過其他公開的組織以祕密或間接的方式運作。另外，公開部門也可能轉移到其他國家，從那裡公開支持抵抗運動。

上述四個抵抗構成要件存在於一個動態且不斷演變的關係中，根據內部和外部驅動因素而變化。

⑥ 作戰方式

　　就作戰的角度來說，抵抗可以定義成「一個國家**以有組織方式、舉全體社會之力，採取從非暴力到暴力的各種可能行動，由合法政府**（可能是流亡、被迫遷徙或代理政府）**領導，目的是在遭受外國勢力**完全或部分佔領的**主權領土上，恢復原有的獨立和自治**」。抵抗可基於恢復國家主權的「方式」與「資源」來區分。這些資源包括人民、抵抗組織的各個部門，還有外部支援。除了非暴力和被動的抵抗外，其他都可以歸類在武裝衝突範疇。主要的方法有地下活動中的顛覆和破壞行為，以及由游擊隊執行的襲擊和伏擊行動。不直接參與四個主要抵抗部分的社會成員，可選擇其他被動和非暴力的抵抗方式。

抵抗組織部門與作戰方式的關聯		
地下部門	游擊隊	後勤
顛覆（subverssion）	伏擊（ambushes）	非暴力祕密行動
破壞（sabotage）	襲擊（raids）	抵抗

表一：抵抗構成要件與作戰方式的關聯

表一的分類並不意味著列出所有可能的活動，也不是想限制每個構成要件只能進行某些活動。單位彼此可能會有一些交疊，需要取決於特定的任務、可行性和機會。以下的部分主要關於地下和後勤部分的戰術方式。至於游擊隊的戰術方式（例如伏擊和突襲）已在多本關於游擊戰或非正規戰的軍事手冊中詳細描述，因此此處將不再深入探討。

6-1 地下部門——顛覆

根據美軍聯戰準則（U.S. joint doctrine），顛覆被定義為「策劃以破壞執政當局的軍事、經濟、心理或政治實力或士氣的行動」。這包括了廣泛的顛覆活動，例如宣傳、情報操作、特定的破壞行為以及對特定個體的清除或暗殺。

顛覆活動的設計目的，在於削弱統治當局的影響力和權力，同時在人民心中產生對抵抗運動的支持。一個常見的、基於歷史的、容易理解的例子是，當一個運動對統治當局製造內亂，而那些當局過度反應，採用脅迫壓迫暴力手段時。這些當局所犯的任何傷害行為，甚至是疑似的虐待行為，都可以被抵抗部門記錄下來並予以放大，以此削弱新政權在民眾、國際社會，以及侵略國或佔領者自己的國內民眾中的影響力。在二戰期間，波蘭地下部門對可能會對抵抗運動構成威脅的人，進行驅

逐的一個例子是：爲了減少當地的 Volksdeutschen（德裔公民和德國擁護者）群衆，地下部門僞造他們在給柏林的信件上的簽名，這些強制要求他們「榮耀地」服役於德國軍隊，如此將他們移至到德軍的現役部隊中。

　　在抵抗佔領期間，顛覆活動應至少達到以下一個或多個目的：削弱佔領者的軍事和維安機構的權威與信譽；深入並破壞佔領軍及其支持者所控制的主要政府機關；對佔領者展開心理作戰，以及打擊佔領政府的政治地位。

6-2　地下行動──破壞

　　「破壞」的定義是「**故意對用於戰爭或國防的材料、設施或公共資源進行損害、破壞或製造缺陷**」。破壞行動可以是致命的或非致命的，也可以劃分爲「選擇性」和「普遍性」的破壞。

6-2-1　選擇性破壞行動

　　地下部門可以採取選擇性破壞、讓一些佔領者難以及時替換或修復的設施失效。例如一座用於運輸敵方兵力和物資的橋樑。地下運動應當精確控制破壞的時機。如果不經過深思熟慮地破壞某些基礎設施，可能只會給當地居民帶來不便，而不是對敵人造成眞正的打擊。

　　負責破壞的抵抗成員可能不是爆破專家。因此，他們採用的爆炸物材料應該使用相對安全、原料易得、製作簡單且好用為原則。但如此還不夠，因為他們仍然需要指導，以確保爆裂物的有效使用。地下運動的這種培訓很重要，通常需要外部的支持。另外，透過書籍或線上資源也可以傳播這些知識。例如，在二戰期間，蘇聯每天播放兩次的「游擊隊課程」，並發行專為游擊隊員製作的手冊。

6-2-2 一般性破壞

　　地下破壞行動不僅對敵人的戰爭行動造成阻礙，而且可能會激勵民眾採取一般性的破壞行動。這些破壞行為可分為主動和被動兩類。雖然這些行為可能不會對敵人造成明顯的實質損害，但鼓勵民眾進行小規模的破壞能夠使他們參與進抵抗運動中，因此更支持抵抗運動。主動破壞的常見方式包括使用如「摩洛托夫雞尾酒」（Molotov cocktails）[8]之類的燃燒裝置，或用適當大小的罐頭、雷管和金屬碎片中組裝手榴

---

8. 一種簡易的且能自製的燃燒武器，通常由易碎的玻璃瓶、易燃液體（如汽油或酒精）、和點燃用的燃燒物（如布條或紙條）組成。使用時，將布條浸泡在易燃液體中，塞進瓶口，點火後投擲。當瓶子碰撞並破裂時，易燃液體會迅速擴散並點燃，形成火焰。

彈；可以故意使機器超載以引發火災；向精密的軸承中加入金剛砂或沙子，可以摧毀或嚴重損壞某些機器；通過在汽油箱中加入漂白劑、在道路上灑釘子、用故障的卡車或倒下的樹木阻擋道路，或通過改變道路標誌來誤導護航，都可以干擾敵人的運輸。此外，抵抗組織還可以鼓勵人們透過不潤滑機器、誤放備用零件、放慢生產速度或曠工，進行被動的破壞。

6-2-3　後勤部隊──祕密抵抗

後勤部隊在抵抗組織中起到支援的作用。其成員的行動都是祕密的，因為他們不會公開表達對抵抗運動的認同或參與。後勤人員通常都有另外的全職工作，往往是對抵抗有所幫助的職位上（例如政府辦公室職員、與政府相關的通訊和運輸專家、醫療人員等）。他們參與抵抗活動是非常態的，取決於抵抗組織的需求。地下部門有特定需球時才聯繫他們，如外科醫生的服務，也可能主動提供他們掌握的情報，如敵人的部隊動向。

7 溝通同步／戰略溝通

7-1 和平時期，政府就需要擁有形塑並有效傳遞敘事、主題與訊息的能力

當國土被佔領時，流亡或被迫遷徙的政府同樣也需要強大的溝通能力。他們必須與適當的抵抗領袖、各種網絡、夥伴國家、自身的被佔領人民，以及國際社群同步資訊、確保其敘事、主題和訊息被順利傳遞。同時，他們也需確保目標群眾，能夠接收並理解這些傳遞出來的訊息。這個能力能夠改變人們對敵方的觀點和印象，並削弱對手進行的資訊活動及其影響。溝通能力是改變目標受眾意見的途徑和工具。他們必須支持的合法國家政府，並支撐其抵抗力量。

7-2 有策略地理解各種最新傳媒平台，以便在敘事上獲得優勝

媒體傳播方式上的科技進步，讓今日的溝通變得持續且迅速。隨著媒體平台的增多，溝通也變得更加碎片化，允許多重且有時相互衝突的敘事共存。這使得要能有擊敗對手的敘

事變得非常困難。因此，傳達政府的敘事和訊息，同時反駁敵方或敵人的敘事或訊息，需要積極、多樣和靈活的過程和能力。這就是需要**敘事戰爭**。這種戰爭的目標是要在對手的敘事上獲得優勢：減少其吸引力和追隨者，並在可能的情況下取代它或讓它沒人感興趣。這場戰爭是在資訊場域中進行的，其成敗是在認知面向（感知／態度）和物理領域（行爲變化）上作爲評判標準。目標就是要打敗對手的敘事。

7-3　理解科技與既有文化，選擇最佳傳達方式

國家之間的溝通方式差異很大，會取決於自身技術發展和文化傳播的傳統。這涵蓋了從**口語相傳**到**社群媒體**等等方式。此外，不同文化、年齡層和地區條件下，訊息或敘事的文本理解方式也會不同。人們通常會使用日常生活中的非媒體單位（例如親友）來篩選媒體傳達的訊息，從而確定其可靠性。在抵抗作戰中，訊息環境的傳遞需要一個全面規劃的過程，並應考慮以下的因素。

7-3-1 敘事、主題，及訊息

a. 敘事

敘事是涵蓋「背景」以及「希望達成的結果」的總體表述。用以支持行動並為行動或情況，提供更多理解和脈絡的簡短故事。敘事的關鍵組成部分應該：以大家能理解的方式說明「衝突的原因」和「我們希望達成的目標」。

b. 主題

主題就是支撐敘述的核心意念或意圖，旨在為訊息及相關內容提供一個指引和連貫的基調。

c. 訊息

一種專門針對特定受眾的、聚焦精準的溝通方式，支援特定的主題。它是一種專為特定群眾度身訂作、與特定主題契合、為了特定目標的溝通手段。

圖3-4　**敘事、主題、訊息的從屬關係**

d. 三者關係

　　在和平時期，政府針對國安威脅制定的國家戰略，概述政府將如何建立韌性，並如何爲緊急情況做準備，這些已經爲我們所需的敘事提供了基調。**敘事**是對抵抗運動相關的背景、原因和期待結果的整體表達。是一個心理上一致、精心構建的敘事，不僅要符合戰略和行動目標，也應讓民衆產生迴響，以掌控、產生共同目標並鼓勵道德動機。**主題**在戰略、作戰和戰術層面形成。每個層面的主題（每個層面應有數個主題）必須契合更高層面的主題。**訊息**從屬於主題，支持主題和敘事。它們向特定目標受衆提供實際訊息，以創造期望的效果，同時支持特定主題。訊息針對特定時間、地點、傳遞機制和目標受衆量身定做。在抵抗過程中，訊息可以針對特定事件進行調整，使敵人和民衆相信佔領者遭遇的任何挫折都是由抵抗運動所策劃的。通常，說法上的合理就足以維持抵抗的正統性。從危機開始到恢復國家主權的過程中，應始終保持一致的兩個主題是正統性和主權。

▲ 正統性

- 正統性奠基於「經過與其公民締結社會契約而形成的政治組織」。在這社會契約中，合法政治權力源自受統治者的同意，同時也以此建立了一個義務和權

利的互惠關係，涵蓋了統治者和政府之間的互動。

- 以發生侵略爲例，由侵略者國設立的傀儡統治機構將毫無正統性。同樣地，侵略者國也難以在國際社會中，爲此統治機構爭取任何承認。原本的國家政府必須不斷強調其正統性，就算是處於流亡或幕後。與此同時，也必須防止佔領者在被佔領領土內外的資訊環境中取得任何程度的正統性。

▲ 主權：法律 vs 實際

- 「法律主權」（Juridical sovereignty）是國際認可的國家主權；也就是對一個國家在特定地理區域內統治權的國際認可。在這種情況下，佔領者的新國家權力在國際社會上只會獲得非常有限的認可，應當只有侵略國和其少數夥伴國家會承認。因此，流亡的國家政府，將在被佔領的國家內的人民身上擁有技術性的法律主權，從而處於有利地位。

- 「實際主權」（Empirical sovereignty）是跟政府在其一定邊界內擁有使用武力的權利以及向人民提供服務有關：例如，佔領者的政府將宣稱自己擁有使用武力的權利，雖然國內外都會對此正統性存疑；但這不會阻止它使用武力。他們也會持續提供服務，

以此降低被侵略人民的反彈，侵略者會試圖表現得像一直擁有主權，希望最終獲得國內和國際的認可。

- 合法的流亡政府，必須不厭其煩地在國際舞台上重申其法律主權，同時也將這一觀點持續傳達給被佔領領土內的人民。例如，佔領者可能會派遣來自被佔領國的政府代表參加國際論壇，並為該代表的正當地位辯護。主權政府必須一再質疑此類事件，以此向國際社會表態，它才是該國唯一的主權和代表。它也必須不斷地挑戰佔領者對實證主權的假設，特別是通過質疑或強調敵人對被佔領人口使用武力的行為。

7-3-2　訊息協調和整合

抵抗領導層需發展「溝通同步」來支持抵抗作戰，主要為了影響目標受眾。溝通同步提供「意圖」、「目的」、「主題」和「訊息」這些成分作為引導，並要在所有夥伴之間建立資訊分工與整合，其中包括與其他政府、國際組織和非政府組織。這種同步可以確保訊息與行動目標的一致。

7-3-3　持續溝通「一致的目標」

針對一致目標持續進行溝通並協調角色和責任，可以提高

協同效率並展示努力的團結，持續傳遞出一致目標以吸引外部支持者支持國家的事業，倘若各單位不同調則可能引來那些試圖利用潛在分裂的惡意行為者，也會降低支持率。

7-3-4 干擾對手的敘事

在危機前，侵略者將使用其一致的敘事，爭取多元環境中的少數群體（例如，種族或宗教群體）的支持，這些群體可能原本就反對主權國家，或者會被進一步利用造成分裂。侵略者將在其創造的危機狀態下，持續並改進這類敘事。佔領後，抵抗勢力必須要採取資訊行動，阻止佔領者獲得佔領者所針對的族群以及國內人民的支持。抵抗組織應該充分理解佔領者的敘事，並訂立破壞此種敘事的對策。

7-3-5 控制訊息流

一致性的敘事對抵抗的成功至關重要。相對於進攻對方敘事，控制訊息流以支持本身敘事的力道通常更重要。為此，我們必須在啟動抵抗之前就先建立網絡，以促進抵抗單位不同部門之間的溝通（一致性）。它也需要傳播管道，才能不斷向人民傳遞一致的敘事。這些傳播管道，可讓抵抗迅速而準確地回應任何影響人民忠誠度的發展。控制訊息流也包含抵抗找到任何干擾敵方在內部或向人民進行溝通的能力。在此

處，抵抗作戰可以使用「破壞對手的設施」、「人員滲透」、「反制訊息」來阻止敵人。

7-3-6　溝通戰略

　　政府在擬定韌性期和抵抗期的通訊戰略時，需要根據不同階段調整訊息和目標。在**韌性期**，政府應對國內以及對夥伴國家、國際社群和潛在對手傳達國家敘事。在**抵抗期**，通訊戰略的關鍵重點是要確保可能「被遷移或流亡政府」的正統性和可信度。當政府的正統性和可信度受到質疑，那麼該政府代表國家向國際社群陳述利益、組織抵抗作戰的能力，也等同受到威脅。在抵抗期間，流亡政府必須針對不同的內部人口定制訊息：「支持抵抗行動的人」、「支持對手的人」以及「持中立的人」都要有各自的敘事。傳遞訊息的個人和組織必須對目標對象具有可信度，以確保訊息得到良好的接受。在抵抗期間，海外僑民將成為一個具有新意義和重要性的受眾，應納入溝通策略，作為支持的基礎。此外，溝通是雙向的，必須存在反饋評估能力，以確保訊息被接收狀態，以便進行調整和改進。溝通策略通常要與目標受眾（或反受眾）進行的其他活動和行動高度相關才會很好地發生效果（例如，武裝抵抗／游擊行動本身可以是訊息，但必需跟其傳達的敘事一致）。

8 籌組地下部門以進行抵抗

　　抵抗組織的領導及其組織或許是抵抗組織中最重要的部分。最成功的抵抗組織是需要具有彈性，其領導者具備調整行動、組織結構和指揮控制方法的靈活性和遠見，以此達成恢復國家主權的最終目標。

　　不同於後勤單位主要由臨時成員組成，地下部門在國家抵抗中負有很重的責任，因此一定要發展出最有效的組織結構，因為需要有效的組織結構，地下部門需要能夠執行某些基本的「例行」行政職能以及作戰職能 (見圖3-5)。

　　要組成特定的組織並沒有標準化的方式。要採用某個方法以及特定成效，很大程度是取決於現有資源，以及敵方安全部門的可能應對方式。地下部門採用某些行動，敵方一旦認清這些行動，就會開發出對策，以削弱行動的影響。也就是說，政府和地下部門通常都會改變技術並開發新技術。此外，手邊擁有哪些資源，決定了地下部門選擇組織的行動範圍和深度、組織和發展技術，也決定它在應對佔領者行動時能多靈活。

　　以下幾個因素決定了組織結構：

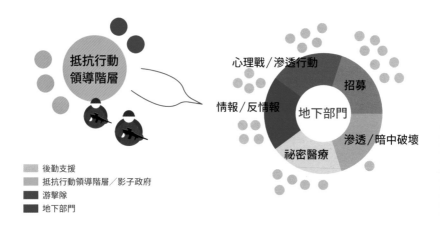

後勤支援
抵抗行動領導階層／影子政府
游擊隊
地下部門

圖 3-5　**地下部門的職能範例**

8-1 戰略

　　抵抗戰略應該遠在戰爭發生之前，就列入國防計劃。抵抗組織在政治和軍事兩個戰線上運行。地下部門要強調哪個戰線，取決於哪一方的成功機率、機會以及對手的優劣勢分析。當突發事件迫使地下部門修改策略時，戰略也可能會隨之調整。例如，當無法通過武力奪取佔領軍的控制權時，地下部門就會變爲「政治優先」的戰略，試圖削弱佔領軍的統治權力，這通常會是通過顛覆來實現。地下部門需要根據資源的可用性、少部

分支持佔領者的人，以及敵人強制手段的程度和效果，抵抗應該制定應對多種敵方行動的應急計劃。

如果敵人限制了民眾對抵抗運動的支持，地下部門可能會從以「政治戰略」為主轉變為以「軍事戰略」為主。這種轉變取決於可用的資源、對民眾觀念和行為、對外部支持者、以及對敵人的預期效應，還有自身的國內政治支持以及外部支援的程度。地下部門可能進行軍事活動以干擾敵人行動、維持大眾「士氣」和「對恢復主權的希望」。它也還應注意保留之後抵抗敵人的實力，尤其是當夥伴國家的部隊準備進入協助恢復國家主權時，協調和協助這些部隊的相關軍事活動極為重要。屆時，地下部門需要迅速轉向成軍事戰略，以協助這些友好部隊。

在決定從政治或軍事戰線的一方轉向另一方的主要戰略時，整個地下部門可能需要重組。在20世紀40年代末的馬來亞「緊急狀況」期間，共產主義領袖從政治努力，從原本組織統一戰線和滲透工會，轉向了恐怖主義和游擊戰爭的軍事化階段。在這一階段失敗後，他們又回到了政治活動。隨著每次策略轉變，各個單位都必須進行組織、解散或重新組織，這對運動來說代價不小。這些單位包括供游擊隊和地下部門使用的逃脫和逃避網絡、城市和鄉村各處的情報網絡、祕密供應庫和供應路線網絡，以及用於地下和軍事單位的招募小

組。不同的策略會在地下部門的功能上賦予不同的強調，而這些功能的執行都會需要不同的組織結構。

8-2 地下部門的起源和領導：歷史性與國防規劃

地下部門通常是從現有社會、政治或軍事組織發展而來的。這些現有組織可以提供招募成員所需的結構和關係。1994年，盧安達胡圖族（Hutu）領導層，組織了成千上萬名失業年輕男性為主的足球俱樂部，這些俱樂部最終成為他們對圖西族（Tutsis）的戰力。在和平時期和韌性建立加強期間，會有許多獨立協會和準政府實體，它們可以提供抵抗組織的一部分基礎，並為抵抗組織的各個部分提供成員。

從歷史角度看，地下部門的特徵會根據它們源自政治或軍事組織，以及是否由政治或軍事領袖所領導而不同。

許多二戰期間的歐洲地下部門是從戰前政黨、特別是共產黨發展而來的，由政治領袖指導。因此，該組織反映了政治領袖的影響。一些運動有政治領袖也有軍事領袖，各自獨立運作。在這種組織形式中，地下部門直接在政治領導下運作，而游擊隊則由軍事領袖領導。這種情況可見於二戰期間的義大利反法西斯抵抗運動和摩洛哥爭取獨立的過程中（1953年

至1955年)。

國防規劃中如果有預先設計抵抗組織時,可以將之設定為一個同時有政治和軍事的組織,並予以指定領導或核心幹部。如此以正當政府之名,將會增加了抵抗組織關於各種專業的可信度。也確保了抵抗組織及其事業在國內及國際的正統性和可信度,並能保持其對主權國家的忠誠度。同時,在國家法律框架內授權和指定時,因為它們是在授權和指定在國家法律框架內,所以降低了一個與合法政府目標不一致的組織出現。

在國防規劃期間,可以預先指定國家抵抗的戰略、行動甚至戰術層面的領導人,來進行這種形式的戰爭。這些人是否與政府有既定關係應該不是重要條件,最好大部分都是就職於非政府單位。他們在預先抵抗組織中的角色和聯繫必須嚴格保密,因為在佔領期間祕密狀態才能讓他們行動,相反的,如果他們被揪出,可能會被佔領方逮捕或針對性的脅迫,他們會成為敵方的武器。

8-3　安全和擴張之間的矛盾要求

地下部門在一個敵對的環境中運作,佔領者會努力試圖摧毀它。為了生存,地下部門必須適應兩個主要因素,即面對

「佔領者的對策」和「自身的成功和失敗」。如果敵軍變得越來越有效，那麼地下部門也必須更強調安全，這通常意味著更小的組織單元。

在被佔領的情況下，一個成功的抵抗組織可能會迎來大量新進人員。如果它未能迅速擴大組織，可能會錯過擴張和實現短期及長期目標的機會。另一方面，爲了快速擴大成員數量而招募未經充分審查的人員，可能會給佔領者的國安單位提供滲透機會。因此，爲了保障安全，該組織應該將新進人員先安排後勤工作，測試他們的忠誠度，特別是在未設計審查機制的情況下。

爲了實現其目標，地下部門通常需要廣泛而積極地行動，但爲了生存，它也必須謹慎行事並強調安全。領導層必須決定何時調整組織、其規模和安全要求，以實現在可能需要擴張、需要替換因各種原因離開組織的成員，以及需要維護安全之間的最佳平衡。

8-4　指揮和控制

8-4-1　中心指揮

地下部門需要通過中心指揮協同行動，如果不是，其行動容易雜亂無章，可能無法支持戰略溝通敘事，並失去大部分

累積效應（例如，部隊可能會攻擊相同的目標，可能沒有攻擊更重要的目標）。然而，基於安全原因，分散行動是也有好處。因此，領導者必須在集中和分散的指揮和控制之間取得可行的、根據情境而定的平衡。

8-4-2　去中心控制

去中心方式無法指揮每一個下屬單位，因此必須依賴中央指揮所發出的任務命令，在其中描述戰術目標並推薦最佳完成該目標的行動。這種基於任務型命令的去中心執行軍事行動也被稱爲「任務指揮」。每個下屬單位會基於重視自身生存的條件，制定執行計劃。因此，下屬單位通常有權對當地問題作出獨立決定，並只根據來自中央指揮的一般方向和指導，但卻自主運作。這並不排除特殊任務或中央指導的活動。

8-4-3　中央指揮無法確切知道屬於組織下屬元素　　　　　的成員人數

它可以通過舉行示威、罷工或其他試驗行動來測試組織的實力。這些測試爲中央指揮提供了對地下部門實力和反應能力的一些估計，而不會危及其成員的身分。這些測試也有助於組織確定動員其部隊所需的時間長度。

8-5 行政職能的中央化

地下部門應該將許多活動集中在中央指揮部，以向下屬元素提供服務。這些活動通常包括：

▲ 製作偽造文件

▲ 資金收集

▲ 供應品購買

▲ 情報訊息分析

▲ 新成員的安全檢查／審查

這些中央化的服務通常最好要在安全地區執行（例如夥伴國家的領地）。科索沃解放軍（KLA），便是仰賴在德國和其他地方的僑民的行政支援。在二戰期間，歐洲大陸的許多中央化抵抗組織活動，都是由位於英格蘭的流亡政府執行這些任務。

8-6 單位的分散化──
小組結構（Cell Struture）

地下部門通常會組成地區性單位。然後，每個地區單位再細分爲區域，然後再細分爲小組。在每個區域以及每個組織層次中，都有不同小組負責特定職能。地下部門通常可以在

現有的職業活動中組織單位，例如鐵路工人工會。因此，地下部門通常是由專業或職業群體以及地區性單位（如省、市和小組）組織而成。

每個小組通常由三到七名成員組成，其中一名被指定為領導者（組長），負責分配任務並驗證其執行。隨著地下部門招募更多人，不會擴展現有的小組，而是創建新的小組。

通常，個別成員不知道其他成員的住所或真實姓名，只在預先安排的時間和地點見面。如果該小組作為一個情報單位運作，其成員可能根本不會彼此接觸。特工（agent）通常收集訊息，並通過遞信者、郵遞點或祕密使用網際網路（例如電子郵件、社群媒體、加密網站）將訊息傳遞給小組組長。小組組長可能有幾名特工，但這些特工永遠不會互相聯繫，只能通過中間人聯繫小組組長。與其他小組或游擊隊的橫向通訊和協調也是以這種方式進行的。這樣，如果一個單位被滲透，其成員也無法透漏他們的上級或其他橫向單位的資訊。

為了減少成員被發現的可能性，地下部門將其小組分散在不同的地理區域和群體中。這擴大了佔領軍的安全部隊管理範圍，讓它們無法專注在固定區域，分散其能量。地下部門也會盡量在各種身分、利益團體中，盡可能取得廣泛的代表性。馬來亞共產黨在1950年代的緊急情況中經常受到安全部隊的攻擊，部分原因是因為它幾乎完全由少數華人組成，

並且主要限制在固定的地理區域。

地下部門及其活動基於「預防失敗」原則,這意味著它有特殊的組織方式,如果一個單位失敗,由於備份單位的存在,造成的影響將最小。地下部門應該有一個備份單位(即替代小組),如果主要單位被瓦解,備份單位可以執行相同的職責。因此,地下部門的組織通常是橫向的擴展,通過複製單位和職能。

a. 臨時愛爾蘭共和軍(PIRA)提供了這些原則的優秀範例。面對英國1972年日益有效的對策和不斷增加的志願者的情況,PIRA放棄了大型階層式軍事結構(例如營),而依賴較小型的小組結構來增強安全性和效率。

b. PIRA組織的基本「小組」是行動服務單位(ASU),負責執行PIRA的軍事行動。每個小組通常有四名成員和一名作戰指揮官。每個ASU負責大部分行動開支以及他們的安全屋和運輸。一個ASU的作戰指揮官,通常只知道他組織中的一名更高級別的指揮官的身分。兼職成員通常是在社區擁有常規工作的男性和女性,他們在週末或工作時間後參加PIRA的行動。一些全職成員由PIRA支付每週的津貼,並從社區獲得額外的支持,包括捐款、食物和衣物。

9 地下部門的功能

　　地下部門的各種運作功能是抵抗運動的必要活動，並與其他部門的運作功能相結合。地下部門具有最多且最多樣化的責任。每個功能應在戰爭爆發前就建立和組織。在戰爭期間以及戰爭發生時，這些活動的方面雖然可能仍以地下部門為核心，但是會由不同部門共同承擔，細節需視實際面對的情況研判。地下部門主要功能包括：❶招募、❷情報、❸資金、❹物流／支援、❺培訓、❻通訊、❼安全。

9-1 招募

　　招募是任何抵抗組織成功的關鍵，它涉及各種策略及應該要注意的細節。以下是有關抵抗運動中的招募的一些關鍵要點。

9-1-1 依任務招募

　　抵抗組織需要完成各種任務，這些任務從非暴力的行政記錄保存到情報戰、游擊隊訓練及裝備準備、執行有針對性的暴力行動、顛覆和破壞等都包括其中。因此，在佔領情況下進行招募是一項具有挑戰性的工作。抵抗組織由人組成，因

101

此招募和留住人員是一項重要工作，即使是短期抵抗計劃也是如此。

9-1-2　持續性招募

在危機爆發前的抵抗計劃中，通常已經確定了許多成員和潛在成員，分別擔任不同抵抗組織角色。然而，在危機爆發期間，許多成員由於各種原因，從自願離開到被拘留，都可能會變化。因此，通過在抵抗運動的整個週期中尋找、調查、聯繫和熟悉人員，對於成功至關重要。

9-1-3　招募考慮

核心招募的考量包括「找誰」、「在哪裡找」以及「如何增加招募效率」，這要看抵抗運動對特定任務和技能的需求，以及組織需要達成的目標。招募與抵抗事業的訴諸的吸引力相關，也是正統性和潛在成功的因素，但會受到安全風險的限制。

9-1-4　招募領導者及幹部

在危機爆發之前，應該招募並確認高階領導者。和平環境以及對潛在威脅國家的愛國呼籲，更容易且更安全地接觸更多潛在幹部。在這種環境下，各種風險都較低，也會有更好的方式來審查潛在人選。領導者通常加入抵抗組織是因為

抵抗事業的訴諸的吸引力，例如「民族主義」、「恢復國家主權」。在佔領期間，通常不會招募高階幹部，而是被吸收的，通常是因為他們在智力上支持抵抗活動，獨自發展出支持抵抗的信念，有時則是因為對佔領者行為的不滿。隨著抵抗在佔領期間擴大，地下部門還必須招募和培養中層領導者，如地區領導者、在大學或政府機構內有影響力的「大使」，以及軍事領導者。在和平時期為抵抗組織進行準備和計劃時，政府可以對其中許多民間潛在成員進行妥善的審查，並在稍後的接觸，以了解參與的意願。在非危機時期，這些人不必成為活躍的組織參與者。只有核心的領導幹部和一些專家需要參加和平時期的培訓和演習。如果是身處較不壓迫的侵略者時，去招募已經在社會中擁有影響力的關鍵人物，會對地下部門非常有利，因為等於也替抵抗運動增加了重要的新影響力。

9-1-5 在農村地區招募

在佔領情況下，抵抗組織通常更容易接觸農村人口，主要是因為這些地區距離佔領者控制中心較遠。佔領者通常會將其力量集中在城市地區，因為城市地區人口較多。這些農村人口通常包括更多失業或就業不足的年輕人。招募人員可以提供金錢、刺激和向上流動的管道。

9-1-6　在都市地區招募

在高度工業化的國家，大部分人口居住在都市環境中。然而，在抵抗運動開展後，都市地區的招募會因爲佔領者的接近而增加了風險，但它具有巨大人口基礎可招募的優勢。在1970年代，哥倫比亞的革命軍（FARC）擴大了在城市的招募，這是因爲窮困的城市工人開始抗議生活條件以及經濟停滯下的背景條件。FARC抓住了這一機會，將他們的運動訴求塑造成反對帝國主義和政府腐敗的無產階級鬥爭。他們在大學和學校內建立了學生團體和公民行動計劃，利用這些平台說服人們投票支持左翼政治家，並鼓吹有利於他們的叛亂的改革提議。FARC還利用了不斷增長的城市人口，招募他們加入當地民兵和流動游擊隊。相比之下，農村招募通常是通過承諾基本需求來吸引的，而都市年輕人更多地是會回應強烈的意識形態宣傳。

9-1-7　招募技巧

a. 前導團體

一種可靠的招募人員進入抵抗組織組件的技巧，是先吸引他們加入溫和且易於參與的團體，作爲稍後招募進抵抗組織的前導單位。人們可以參加學生團體、佔領期間的抗議活動

或其他活動，風險很小，因為這些活動是非暴力的，通常是合法的、風險較低。這些團體和活動隨後成為有用的招募基礎，因為他們在比例上較高都是支持抵抗事業的人。

b. 挑選和審查

　　無論是在戰爭前還是在佔領期間，這種招募過程通常是緩慢進行的，如果是在戰時會需要很長一段時間。在這個過程中，逐漸將偏向抵抗行動與地下部門的人聚集起來。當地下行動人員判斷參與者具備必要的熱情和能力，並且在安全風險方面可接受時，他們會接觸潛在成員。分析顯示，許多人需要一段時間才能意識到自己正在被招募。潛在招募者隨後可能會在入門級別的地位中度過長時間，先執行後勤相關的行動，藉此評估他們的可靠性和潛力。然後，讓他在組織中升級到越來越投入的活動層次。根據文化背景、抵抗要求和資源，這也可能是一個非常快速的過程。

c. 通過個人聯繫招募

　　在佔領情況下，使用個人連結來聯繫潛在招募者很常見。招募者和潛在成員之間的關係可能源於家庭關係、宗教聯繫、學生團體和其他活動。

d. 在監獄招募

在佔領期間，監獄招募試圖轉變監禁的囚犯，以擴大抵抗組織的人數。通常不會選擇可能會降低抵抗正統性的一般罪犯。而是那些傀儡政權上台後，因為各種理由遭到監禁或被判刑的人。當這些人在監禁當下，並不是全部都是抵抗組織的成員，但其中許多人就已經可以考慮招募到抵抗組織。

e. 個人顛覆

在抵抗的背景下，個人顛覆意味著改變某人的忠誠。這種形式的招募通常針對佔領者的政府管理層中的個人（例如官員、行政人員、警察或軍事人員）。顛覆作為招募技巧的最佳例子之一，越共使用是其「biên vận」（即促使越南政府的軍人和官員叛逃和脫逃）的策略。透過煽動、說服、脅迫和威脅，越共行動人員針對關鍵的軍事和民間官員，以削弱政府的統治能力並增加叛亂力量的人數。如此削弱許多士兵的戰鬥意志，有效地破壞了軍力，在某些情況下，甚至導致士兵提供有關軍事行動的情報或造成叛逃。

f. 顛覆工會和關鍵產業

地下部門應該在通訊和運輸行業中安插成員，如此，特工可以破壞敵軍所需的設施，安全部隊可以提供佔領者活動的

情報。此外，他們在通訊或運輸中的職位，在一定程度上可以用來協助抵抗組織。通常，這些行業的勞工都由工會或其他協會代表。如果允許這些組織在佔領政權下運作，其中如果能有地下部門成員，可以控制或影響這些團體，使之發起罷工、削弱佔領者的控制。此外，這些組織中的資金也可能可以轉移到地下活動中。反過來，地下資金也可以通過偽造記錄，隱藏在工會或協會的帳戶。罷工、示威和騷亂還會降低佔領部隊的力量，因為可能需要安全部隊或正規軍隊部隊來控制它們，這會從指派對抗地下部門的部隊中抽調人力。工會力量的的一個典型例子是1980年代波蘭華勒沙（Lech Walesa）領導的「團結工聯」，該勞工運動最終轉變為政黨，華勒沙最終於1990年當選波蘭總統，削弱了共產黨的力量。

9-2 情報

9-2-1 共享功能

對抗外國佔領者的地下部門的重點功能之一是情報。如果夥伴國家正在進行軍事準備以驅逐佔領者，那麼地下部門必須具有網絡和能力來協助該行動（請參見情報類型：軍事情報部分）。通常，地下部門與後勤部門共同負責情報工作。地下部門建立和控制網絡，而後勤成員收集大部分情報。

9-2-2　決策輸入

領導者需要有關而且及時的訊息來做出作戰和戰術決策。因此，地下部門通常需要蒐集以下各種資訊：包括對敵軍軍事能力和部署、政治發展、用於破壞或游擊行動的有利目標、叛逃者、人口動態、執法活動以及各種其他因素進行系統化情報。這些情報為高級決策提供資訊，也為小單位戰術和地下部門、游擊隊、代理政府以及公共部門（如果被允許）的所有活動提供支持。

9-2-3　小組配置和培訓

情報收集者不應互相聯繫或也不應該識別彼此。成員通過遠端方法將收集的情報傳遞給小組負責人，以保護不被識別。情報小組及其成員不應危及他們的隱匿性，因此不應進行例如顛覆這能危害他們的行動。在選擇情報收集者時，資訊的存放位置和接收是關鍵因素。他們應當需要接受情報收集、情報安全、運營安全等方面的培訓，以便有效地履行職責。因此，在危機爆發前就一定要進行這些訊連。其中多數人應該在和平時期作為核心成員接受培訓。如果必要，戰爭發生後也可以提供此類培訓，但可能需要在夥伴國家的協助下進行。

9-2-4　在地知識

　　抵抗運動具有熟悉地形和民衆的優勢，有助於其收集對抗敵人的情報。通過祕密網絡和人脈的力量，抵抗網絡通常可以通過在該地區運作的夥伴獲取情報。大多數臨時愛爾蘭共和軍（PIRA）的成員都有白天的工作，這些工作通常在某種程度上有助於支持PIRA。如果他們在政府辦公室工作，那麼獲取官方文件／報表或情報就是他們的職責的一部分。擔任政府行政工作中的天主教徒提供了豐富的訊息，例如警察或忠實派參軍成員的住址，供應PIRA使用。在另一個例子中，這一條件也幫助了越南獨立同盟會（越盟），因爲根據1954年的日內瓦協議，南北17度緯線以北和以南的大規模人口重新組合，使地下運營者分散在全國，並通過祕密網絡相互聯繫。南部的叛亂分子，完全有能力向河內的共產主義領導層，提供軍事和政治情報。正如在這個例子中一樣，有效的抵抗組織必須直接利用民衆的支持。

9-2-5　安全

　　瞭解地形和民衆的優勢，也有助於抵抗組織有助於抵抗組織在反情報工作中保護自己，避免敵方滲透。臨時愛爾蘭共和軍（PIRA）成功阻止英國安全力量滲透其基地並獲取情報，方法是與當地社區建立緊密關係，並運用脅迫與激勵手

段來鼓勵忠誠。最終，政府強化了通過線人、監視和審訊以收集情報。情報控制的鬥爭貫穿整個1970年代，英國的作法日益成功，促使PIRA改變其組織和實踐方式，以更好地保障自身安全。它開始組建小型小組，而不是早年的大型營隊，並增加了對新招募者的指導，要求他們避免與任何人討論行動。這種對英國情報努力的準確反應，也包括訓練成員在行動後避免留下刑事證據，以及在被捕後抵抗逼供。

9-2-6　方法和功能

　　許多因素塑造並影響情報流程和情報循環。語言、文化親近性和通信方式可以促進或阻礙情報工作。情報收集過程與抵抗組織的成功或失敗息息相關。情報收集過程與抵抗成功或失敗息息相關。敵對勢力對於針對性的抵抗情報非常感興趣。

a. 人類情報（HUMINT）

　　HUMINT就是是指經由人類收集或提供的情報類型。這些來源可以視為人的耳目。當位置適當時，它們可以提供對對手或敵人活動的預警。通常，這些人是各種情報來源網絡的一部分，相當於常規偵察和監視的情報。在佔領情況下，來自友好外國情報服務的協助，可以通過生物特徵學和刑事鑑定等級情報、信號情報（SIGINT）[9]、公開來源情報

（OSINT）、反情報，以及文件和媒體資訊等方式，提供關於個人或團體的身分情報（I2），以協助驗證所收集的訊息。

b. 反情報（CI）

　CI包括用於辨別、欺騙、發掘、干擾或保護，以防止對方任何間諜行為或情報活動，包括破壞或刺殺活動。CI可用於進攻，通過滲透和欺騙對手；也可用於防守，以保護重要訊息、避免對手獲取訊息。在戰爭前環境中，CI部門應與情報、安全和執法部門密切合作，以保護重要資產和訊息、防止對手滲透抵抗組織。在危機前或佔領情況下，它包括所有的行動，以辨別、干擾或保護抵抗組織免受間諜活動的侵害。對手將嘗試發展、採用線人和雙面間諜，以收集有關抵抗組織的重要訊息。因此，作戰安全（OPSEC）對組織的生存至關重要。

c. OPSEC（Operational Security，作戰安全）

　OPSEC是一個以威嚇為基礎的風險管理過程，讓敵方或潛在對手無法獲得抵抗組織活動的資料及預警。OPSEC是

---

9. 即信號情報（Signals Intelligence），是通過攔截和分析電子信號來收集信息的情報形式。這些信號可能包括通信信號、雷達信號或其他電子發射。

一種能夠識別和控制關鍵訊息（含友軍行動的訊息），以及如何降低對手利用我方漏洞的反制能力。

> OPSE 應當是持續不間斷的過程。它是一個的五步一直循環的風險管理程序，使抵抗組織能夠識別出需要保護的最重要訊息，並採取措施來保護它。OPSEC 的五個步驟如下：❶識別關鍵訊息。❷分析威脅。❸分析弱點並訂立保護關鍵訊息的暫定措施。❹評估風險。❺實施措施，評估其有效性，並根據需要完善計劃。

▲ **步驟1：識別關鍵訊息**

關鍵訊息是指對手有可能潛在或實際，用來延遲或阻止抵抗組織目標和行動的訊息（關於我方抵抗組織的）。這些關鍵訊息可以分為四個廣泛的類別——能力、活動、限制（包括弱點）和意圖。識別關鍵訊息將形成一個關鍵訊息清單（CIL），使抵抗組織能夠優先保護最重要的訊息，而不是試圖保護所有敏感訊息。

▲ **步驟2：分析威脅**

威脅分析涉及研究和分析情報、反情報和公開來源情報，以辨明計劃中可能的對手。威脅指的是一個潛在或

實際，具有對抵抗組織造成損害的意圖和能力的對手。對手的意圖和能力結合得越好，威脅就越大。「分析威脅」可以利用各種來源的訊息，包括抵抗組織的情報和公開來源情報，以識別潛在的對手，並確定威脅的程度。評量威脅擁有的情報收集能力（人類、OSINT、信號情報、測量和特徵（signatures）情報、地理空間情報）。我們也應假設威脅會將所有能力發揮至極。

▲ **步驟 3：分析弱點並確定保護關鍵訊息的臨時措施**

弱點分析的目的是找出一個行動或活動的弱點。當敵人能夠收集關鍵訊息、並正確分析它，然後採取行動時，就等同存在弱點。在這個步驟中，抵抗組織的領導人確認敵人可能何時何地獲取關鍵訊息或預警，進而判斷敵方會如何使用這些情報。如果敵人能夠將訊息置於正確的位置並及時採取行動以延遲或阻止達成抵抗組織的行動，則應通過使用OPSEC措施來減少或消除弱點。OPSEC措施的部分列表包括：將CIL通報組織成員（以便他們知道應保護什麼），以及向誰報告關鍵訊息被洩漏的事件；培訓有關OPSEC重要性的知識；宣傳活動，提醒組織成員要在保護關鍵訊息方面務必謹慎；限制關鍵訊息的分發；反情報工作（防止敵人有效地使用情報收集能力）；以及反分析（使用OPSEC支援偽裝）

以混淆敵人，減緩或癱瘓其處理情報和採取行動的能力。

▲ **步驟4：評估風險**

此評估包括三個組成部分。首先，分析前一步驟中識別的弱點，並為每個漏洞規劃出可能的OPSEC對策。其次，估算實施每個OPSEC對策所帶來的對作業的影響，如時間成本、資源、人員，或實施每個可能的OPSEC對策相關的其他作業的干擾。將其與敵人利用特定弱點、使抵抗活動受阻的影響。第三，根據風險評估選擇具體的OPSEC對策。計算會對自身抵抗組織的目標的風險。這是根據關鍵訊息對實現目標和目的的重要性、威脅的意圖和能力，以及威脅是否有可能利用我方弱點，獲取足以影響我們任務的關鍵訊息或指標。專注於減少或消除弱點。如果在第3步中制定的臨時措施不足影對，則考慮包括其他措施，直到弱點足夠減少或消除為止。

▲ **步驟5：實施措施，評估其有效性，並根據需要調整計劃直至完善。**

實施第3步中識別並在第4步中完善的OPSEC措施。評估其有效性，並繼續實施，根據情況修改實施，丟棄無效的措施或添加額外的措施。

d.審查

審查抵抗組織的成員和新成員對於安全至關重要。這必須在危機前階段進行，這些人選可以立即加入並在危機開始時繼續沿用。個人背景審查可以包括生物特徵和刑事紀錄（12），以及生平分析（以確定一個人是否受到敵方影響），和一般風評。所收集的訊息必須在危機前和佔領期間都處於保密狀態，防止敵人獲得。可以在本地安全保密，必要時銷毀或移走，也可以保存在夥伴國家的大使館等。

e.開放來源情報（OSINT）

這種情報基於公開可獲得的開放來源訊息。它包括所有可用的媒體（例如印刷媒體、廣播、電視和網際網路——網站、部落格、利益團體社群和新聞來源）。其他訊息來源包括學術界以及企業。OSINT 容易受到操縱和欺騙（例如，特別是作為訊息操作的一部分的「假新聞」），因此需要仔細審查。OSINT 可以提供理解機密訊息的背景、填補訊息缺口、評估大眾情感，以及識別友好和敵對政府以及其人民之間的趨勢。

f.社群媒體

社交網絡結構由個人和組織通過一種或多種互相依存的方式相互聯繫而形成。一些主要的依存類別包括友情、親屬關

係、共同興趣、團體隸屬或社會關係等。了解這些聯繫，可以洞察一個團體的影響力和決策模式，有助於明白一個組織的優勢和劣勢。此類媒體的例子包括Facebook、Twitter和YouTube。社群媒體已被用來❶動員和協調抗議活動，例如1999年在美國華盛頓州西雅圖舉行的世界貿易組織抗議活動，2010年至2011年的阿拉伯之春運動，以及2013年的烏克蘭「歐洲廣場」抗議活動。社群媒體還被用來分享戰損評估，比如持續進行中的敘利亞內戰，以及❷招募戰士，例如伊斯蘭國在伊拉克和敘利亞（ISIS）。伊拉克基地組織使用社群媒體影片來展示對美國和聯軍部隊的襲擊，以幫助招募、籌款，並保持成員的士氣。❸它也提供了便捷的訪問方式，可以迅速傳播消息和多媒體內容。影片圖像和照片也可以用來減輕對手的虛假訊息和欺騙活動。這在2014年克里米亞事件中發生，俄羅斯士兵在線上發布了他們自己的照片，這使得他們被確認在克里米亞，雖然俄羅斯予以否認。社群媒體基礎設施為抵抗組織為提供了廉價且高效的通訊方式，提供資訊環境中的訊息傳送：一般民眾可以播送敵方活動，也可以藉此爭取國內外對抵抗運動的支持。

9-2-7　情報分享和培訓

a. 情報分享

　　有效地與友好的國際合作夥伴、國內機構或組織共用情報訊息，可以提供敵方行動的預警，這對之後的抵抗作戰非常重要。一個有效的情報分享體系，需要能傳達重要作戰及威脅訊息的網絡。在和平時期就與夥伴國家分享情報，加強彼此的承諾與信賴，同時也對敵方具有威嚇效力。擁有與友好外國情報服務建立合作關係的抵抗力量，可以向他們提交收集請求，同時也可能獲得有利的未經請求的訊息。

b. 情報培訓

　　在危機前期，指定的抵抗情報人員應接受有關收集、保護、傳輸、評估和使用所收到訊息的具體培訓。即使在被佔領時期，這樣的培訓也應繼續，以使人員了解友軍和敵軍的措施和對策的最新情形。在戰爭期間，友好的外國政府，可以在淪陷區外，或在該外國境內，持續協助培訓。

9-2-8　情報類型：軍事、破壞和政治

a. 軍事情報

　　▲ 這種情報關注敵方的軍事能力，包括直接或間接與敵方相關的傀儡（部隊）的軍事能力。地下部門可以提供敵

軍預計入侵區域或即將發生的戰爭的相關資訊（包括敵軍的人數、部隊識別方式和行動）以及他們武器和裝備的性質，甚至可能包括他們在使用武器和裝備方面的能力。地下部門可以確認地雷區和其他類似的反進入、區域拒絕通行（A2AD）設施，並幫助評估它們的弱點，甚至在關鍵時刻降低它們的效力或使它們無法運作。

▲ 地下部門及其相關的後勤特工，可以為協助的友軍提供有價值的情報。這些情報也可以協助游擊隊和地下部隊，為抵抗作戰提供有價值的訊息。這些訊息可能包括敵軍的人數、部隊編制、武器和裝備性質、供應倉庫的位置、巡邏的模式和規律，以及他們的士氣狀況。這些訊息還可以關注各種地形，例如沼澤和峽谷。或者任何阻礙了進入，或者可以為攻擊部隊提供隱蔽的訊息。又或者城市地區中可用於監視行動的高樓大廈。這些訊息可以由地下部門人員通過目視目標，或通過後勤成員與敵軍互動而獲得。在二戰中，法國的抵抗運動偵察了德國的沿海防禦工事，並將這些訊息傳遞給了盟軍，提供給於1944年6月的法國盟軍進入。在二戰的早期，越南抵抗領袖胡志明和越盟，與美國戰略情報局，合作對抗日本軍隊。越盟提供了有關日本軍事部署和活動的情報。這樣的數據也可能由當地民眾中的後勤成員或「大

衆天線」收集，正如越盟手冊中所說。

▲ 有外部支援的抵抗組織，可以爲那些已準備好擊敗並驅逐佔領勢力的合作夥伴軍隊，提供寶貴的情報。在這種情境下，情報活動通常在外部政府或戰場上夥伴軍隊的指導下進行。這些支持者通常會指定偵察目標（例如 A2AD），並對缺乏此類工作經驗的抵抗人員提供技術指導。例如，在二戰中，經過特別培訓的「傑德堡」（Jedburg）小組被派往法國，就是爲了向抵抗網絡提供情報收集方面的建議。他們將抵抗情報收集重點，放在有助盟軍行動的訊息上。這些小組還配備了必要的無線電通訊設備，以便與英國保持聯繫。同樣，在二戰期間，蘇聯派遣紅軍人員到共黨游擊隊，指導其活動。如果沒有這些軍事人員的指導時，地下部門成員則需要根據手冊執行任務。

▲ 緬甸的克倫民族解放軍在1980年代和1990年代利用廣播電台，向流亡在泰國的克倫族提供傷亡報告和回放訊息。在與緬甸軍隊作戰期間，他們也使用擄獲的特高頻無線電（VHF）設備，獲取有關軍事行動的戰術訊息。例如無線電和網際網路的大衆傳播工具，也可用於收集和傳遞情報。

▲ 相對於侵略者，抵抗組織通常處於數量和技術上的不利

地位。夥伴國家可以通過指導、培訓、提供設備和訊息，有時甚至通過專業人員，來彌補這一差距。地下部門和游擊隊的行動需要極爲準確的情報，才能最大程度地提高效力，以此並確保因爲較小、易受攻擊的部隊的安全性。後勤成員通過在自己社會中的位置，來提供相關重要軍事情報，這是通過祕密特工的網絡來實現的。

b. 破壞情報

▲ 破壞是一項地下活動，它對關鍵和脆弱的基礎設施、物質或人類或自然資源進行破壞性攻擊，旨在削弱佔領者的控制和正統性。與游擊行動一樣，破壞者以小而相對脆弱的小組運作，有時甚至只是單人行動，因此需要精確的情報來完成任務。

▲ 在二戰期間，偵察、運輸和建立通訊設施是法國抵抗運動的主要工作之一。通常與盟軍顧問密切合作，他們調查了指定爲 D 日破壞目標的地點。例如，在偵察一座橋梁時，抵抗運動成員會尋找護衛橋梁的警備系統和橋梁的結構等因素。如果有常駐軍力存在，那麼消滅該單位必須納入破壞計劃中。如果只有偶爾的巡邏，抵抗運動將在精確時間進行襲擊。評估橋梁的結構也很重要，以此計算爆炸物的大小。通過確定敵軍列車移動的時間

表，破壞者能夠在行駛時摧毀一段鐵路軌道，如此加
劇了破壞，並使修復工作變得更加複雜。同樣在二戰
期間，挪威抵抗運動部門，與英國特別行動執行委員
會（SOE）密切合作，破壞了德國製造原子彈的企圖。
他們破壞了位於挪威南部尤坎（Rjukan）附近的「重水」
生產設施，成功地摧毀了剩餘重水的運輸。

▲ 在危機前的環境中，應當衡量那些未來佔領者可能接管
的設施（例如廣播設施、鐵路交匯點、數據庫設施和其
他通訊和後勤節點），他們是否可能被用來推動佔領者
的目標，因此必須評估其對我方未來潛在的破壞可能，
然後，以此考量被敵人所用的這個潛在危險，是否高於
對我方一般民眾的資訊協助或戰略溝通，孰高孰低。

c. 政治情報

▲ 抵抗組織非常關心本國人民的政治動向，因為抵抗的成
功取決於政治意志。他們會注意個人的言行，以確定誰
支持佔領者或其傀儡政權，以便密切關注這些人，以確
定他們的行動是否威脅到地下部門。二戰期間的比利
時，抵抗組織保存了通敵者的檔案，並通過發送威脅性
的電話和信件來對抗他們，以阻止這些人與敵人合作。
如果這種方式失敗，通敵者往往會被暗殺。

▲ 在2004年底至2005年初，烏克蘭的橙色革命提供了一個現代政治情報的優秀示範：它如何引導並推動叛亂行動。2004年11月21日，烏克蘭舉行了總統選舉決選，無黨派的出口民意調查顯示，挑戰者維克多·尤先科 (Viktor Yushchenko) 以52%的支持率領先於現任維克多·亞努科維奇 (Viktor Yanukovich) 的43%選票。然而，當官方結果公布時，宣佈亞努科維奇以49.5%勝出，尤先科則得到46.6%的選票。更具體地說，能夠迅速獲取和處理無黨派選舉數據，並通過網際網路以及反對派的廣播電台和電視台傳播結果，使革命運動的成員能夠精確找出選舉被操縱的具體地區，從而提供了必要的明確證據，以動員民眾並獲得國際支持。

▲ 抵抗人員也可以注意敵軍的士氣。在二戰期間，波蘭家鄉軍 (Polish Home Army) 通過閱讀德國士兵的信件來系統地收集有關他們的數據，因為德國士兵太少，無法處理所有的郵件工作。這些工人會在發送之前打開信件並拍攝內容。這些信件提供了對敵人士兵士氣的相當好的判斷。

9-3 財政支援

9-3-1 抵抗組織需要資金

在被佔領的情況下，為組織提供資金是一項重要的地下功能，很多資金都是由後勤成員內部籌集提供的。獲取資金的方法，直接影響組織的性質、目標和策略。在抵抗時間長的狀況下，抵抗組織需要成為能夠產生變革的情況下，需要時間、耐心和金錢。在和平時期進行抵抗規劃時，需要預先指定適切的經費資源，並制定機制，以使這些資金在適當層面可用。即使抵抗可能是短期的，與夥伴國家軍隊協調，仍然可能需要資金來支付人員和運營費用。

9-3-2 地下部門需要資金來支付以下開支

全職工人的薪水、購買情報、逃亡時的食物購買、宣傳出版物或上網相關的設備、購買爆破材料，以及通訊設備。地下部門還可能需要支付給協助抵抗運動者的家庭，讓他們能夠購買額外的食物。這在二戰期間的比利時發生，納粹清除了政府官僚機構中的許多支持者之後。在以前，這些同情者提供逃亡者所需的文件，使他們能夠更換身分並找到工作。當這種文件來源不再存在時，許多躲避者不得不躲藏起來。照顧他們的費用由比利時軍隊的金庫提供。

9-3-3　財政援助可能會擴展到被捕或被迫逃亡的 地下成員的家庭

二戰期間，盧森堡的抵抗運動就提供了這種支持，對流亡 的4200人的家屬，以及被送往監獄和集中營的近4000人 的家屬，提供了財政援助。

9-3-4　金錢可能用來支付給敵人的關鍵官員

用賄絡敵人的關鍵官員，以取得保護或對某些事保持沉默， 或者用來支付情報的費用等。這是一種顛覆的形式。此外，地 下部門還可以將資金轉移給游擊隊，以支付工資和購買補給品。

9-3-5　資金可能用來支持代理政府提供的服務

醫療保健、失業保險、食品援助、住房津貼和養老金等服 務，有時會由代理政府提供，以便瓦解佔領者，同時照顧他們 的支持者，並為敵方政權禁止的活動提供掩護，這些通常是為 後勤成員的工作。這些活動需要一個持久且可靠的收入來源。

9-3-6　資金來源討論

a. 外部資金來源

▲ **外國政府**

- 抵抗組織經常得到夥伴國家的協助。實際上，我們

已經強調，最好是在危機爆發之前通過聯合培訓、訊息交流、協議和協調計劃來建立這些關係。這些協議還可以包括夥伴國家在財政上，支持抵抗組織的方式和途徑。二戰中，比利時抵抗運動使用了比利時存放在英國政府的儲備金。同樣，法國抵抗運動使用的許多資金來自英格蘭銀行或阿爾及爾銀行在解放後的資金。越共對抗南越政府和其美國盟友的戰爭是由中國、蘇聯和北越資助的。

- 外國政府對抵抗組織提供支持有多種原因，例如打敗共同敵人，或刻意建立某些政治結果。夥伴國家也可以幫助規劃抵抗組織，以打敗共同敵人。此外，有時在對抗敵人的同時，非夥伴國家希望獲取情報訊息，就像1940年，當時日本政府尚未正式與德國和義大利結盟，它提供了羅馬的波蘭地下部門財政援助和技術設備，以換取有關德國和蘇聯佔領軍的情報。最好在需要前就與夥伴國家進行安排。

▲ **非國家行為者**

- 友好社團或準官方援助團體也可以將資金轉移給抵抗組織，其中一個最知名的例子，是二戰後的猶太機構。該機構在西方各地都設有辦事處或代表，並在以色列獨立戰爭前，當時巴勒斯坦的猶太人，從

世界各地的猶太人（尤其是歐洲和美國），獲得需要的資金支持。資金需求呼籲通常會在報紙上、講座中、慈善舞會和其他社交活動中廣爲宣傳。

- 臨時愛爾蘭共和軍（PIRA）也依賴國外資金
  1969年，美國境內的愛爾蘭人數是愛爾蘭的五倍。PIRA一旦有足夠的組織能力派遣代理人出國，就立即向美國相關組織尋求資金和武器支援，而波士頓和紐約的愛爾蘭社區都提供了很大的支持。愛爾蘭北部援助委員會成立於1972年，旨在爲IRA提供持續的資金，主要用於購買武器。

- 慈善機構和非營利組織對抵抗組織來說，也是極具吸引力的資金來源
  比起上市公司，它們受到的監管和審查往往少很多，許多這類組織分布全球、管理著可觀的資金。這些組織的總部可能在國內或國外，但應參與國際交易，以更好地隱藏資金來源和分配。

b. 現金和替代貨幣

現金可以通過非正式的資金轉移系統在國際間傳輸，並轉換爲適合情況的任何貨幣，包括黃金、跨國界都被接受的的硬貨幣（例如美元、英鎊、歐元等）都可能是地方貨幣的替

代品，因爲它們通常在黑市上也可以輕鬆被接受。如果遇到當局沒收原有貨幣，更換爲其他貨幣或代金券時，這種硬貨幣也很有用。近年，例如在東非等的一些地方，通過手機積分交易資金的方式，已變得普遍。此外，獲取網絡影片游戲積分的現金價值，則可以在幾乎不留痕跡的情況下取得和交易。然而，在被敵方控制的環境中，電子機制受到被監視、被干擾的問題。

c. 僞鈔

僞造貨幣也可以用來資助地下運動，尤其是佔領方發行的新貨幣。計劃製造僞鈔需要必要的設施和技術能力，因此通常是在夥伴國家的協調下，與流亡政府合作進行的。如果這個抵抗可能很短暫，則必須權衡這種方法未來對一般百姓的經濟影響和長期經濟前景。抵抗組織還可以使用僞造來打擊敵人的經濟。例如在二戰中，納粹企圖通過伯納德行動（Operation Bernhard）來打擊英國經濟，據稱這是經濟戰爭史上最大的僞鈔行動。波蘭地下部門選擇在二戰中不這樣做。

d. 針對侵略者的網路活動

抵抗組織可以利用網路行動從敵國政府取得貨幣或物品。這種方法應與組織的訊息宣傳活動仔細協調，並應選擇具有

最大政治影響力的目標，同時不損害抵抗活動的正統性。

e. 價值轉移和以物易物。

抵抗人員可以接受捐贈物資，在當地市場上轉售這些物品。他們還可以交換不需要或過剩的物品，以獲得所需的供應物品。

f. 內部非強制性的資金來源

▲ 禮物

來自個人或商業企業的禮物可以構成許多地下部門的良好資金來源。許多工業家和銀行家為義大利的反法西斯地下部門提供了資金。然而，在法國，試圖幫助抵抗運動的捐贈企業，因為無法保證行為不被發現，這妨礙了法國抵抗運動收到這種收入。

▲ 貸款

地下部門也可以借錢。在二戰期間，比利時銀行家雷蒙·舍伊文（Raymond Scheyven）的「蘇格拉底服務」（Service Socrates）組織借了超過兩億法郎給反納粹的比利時地下部門。為了解決貸款人對「蘇格拉底服務」是否真的代表比利時流亡政府的懷疑，該組織邀請貸款人提出一個短語，並請他們指定時間在英國廣播公司（BBC）上播放。地下部門將這些請求轉交給倫敦當局，

然後在指定的時間播放該短語。這些個人隨後知道他們正在與地下部門的合法代理人打交道。

▲ **銷售**

通過逐戶拜訪的推銷或「掩護」的商店銷售以提供資金。二戰期間，盧森堡的抵抗組織出售彩票，還出售盧森堡大公的照片。南斯拉夫共產黨則通過黨營的服裝店的銷售籌集資金。

g. 組織（國）內強制性的資金來源

儘管資金對於支持地下部門及其活動至關重要，但地下部門永遠不應該搶劫或勒索自己的選民。然而，如果一個地下部門依賴外國勢力提供大量資金，它可能被視爲或被描繪爲代表該勢力行事，而不是代表自己的人民。因此，資金不僅僅是財政或經濟問題，而必須始終考慮政治觀感。

▲ **從侵略者處強制徵用**

地下部門應該避免從一般民衆那裡沒收財物，因爲這種活動會嚴重損害正統性和權威訴求。然而，可以針對侵略國家的目標，進行這種活動，以提供資金，這同時會迫使侵略國家花更多資源防禦這類活動，分散攻擊抵抗活動的力量。

▲ **強制捐款**

地下部門不能對自己的人民受害,但可以用這種方法來懲罰通敵者,藉此阻止他們繼續與敵方合作。

▲ **稅收**

雖然不建議,在等待夥伴國家的部隊進入的短期抵抗中,這可能是不必要的,但可以對特定人口徵收稅收,以資助抵抗組織和代理政府提供的服務。但稅收的額度和徵收方法必須在政治和經濟上可持續,不應損害當地民眾,結果導致損害抵抗組織的正統性,及其對對權力的合法主張。

9-4 物流／支援

物流包括採購、儲存和分配供應品、維護、醫療服務和運輸等重要功能。供應品包括食物、水、一般用品、燃料和油、建築材料、彈藥、爆炸物、諸如武器和車輛等大型成品、醫療用品和修理零件。在實際操作中,這一責任由地下部門和後勤部門共同承擔。一般來說,後勤部門負責日常物流,如食物、水和燃料,而地下部門通常承擔採購和分配大口徑彈藥,或其他特殊供應品等較爲困難的任務。與大多數網絡一樣,地下部門計劃並監督這一功能。

9-4-1 採購方法

a. 黑市

地下部門可以在黑市上購買一些供應品。在二戰期間，一些義大利反法西斯地下部門的工人被指派具體的任務，去跟一些年輕的法西斯分子經營的黑市進行交易。在日常用品需求非常高的時期，這些市場都非常繁榮，據報導，一把優質機關槍可以換取220磅鹽。

b. 合法市場

地下部門通常可以通過具有合法需求的掩護組織，從合法公司購買某些物品。這些交易通常在國外進行。然後，地下部門的成員祕密將這些物品通過陸地、海洋或空中運輸進入被佔領的領土。這種方法有時也可能在被佔領的領土內實現。在二戰期間的波蘭，國內軍向德國控制的喬茲夫和莫希采兩家工廠購買了大量的人工肥料，通過農業合作社和個人農民進行，然後地下部門從肥料中提取硝酸鉀，用於製造炸藥。

c. 戰場回收

抵抗戰爭通常由游擊隊發動埋伏和襲擊，針對孤立的對抗部隊，然後迅速撤離。這種行動的目的通常是沒收對抗部隊留下的武器、彈藥、車輛、通訊設備、食物、醫療用品和其他供應品。

d. 祕密取用

支持抵抗運動的人員，可能願意偷偷從自己工作地的庫存中取出物品。二戰期間，義大利的工人從他們的工廠庫存中偷竊收音機提供給地下部門。這種取用並無法提供穩定的物資供應。此外，由於定期進行盤點，風險很高。但如果提供這種物資的支持者，能夠通過偽造訂單和發票、更改簿記記錄來解釋，就可以避免盤點檢查的問題。

e. 襲擊

可以襲擊政府或商業倉庫，或其他儲存中心來獲得供應和設備。然而，應當謹慎行事，要避免偷竊支持抵抗運動的公民的物品。在二戰期間的法國，一家倉庫的經理被12名戴著面具的抵抗組織成員叫醒，他們迫使他交出鑰匙。庭院裡有卡車，200名人員準備好裝載。總共搶走了38噸外套、毛衣、鞋子、收音機和打字機。在與在倉庫工作的支持者建立「共識」後，法國進行了許多此類襲擊。

9-4-2　製造類型和地點

地下部門經常製造像地雷、火焰噴射器、手榴彈、縱火彈、炸藥和引信等物品。它們很少能夠生產重型設備，因為這種製作非常難以隱藏。一個例外發生在納粹佔領的法國，當時

一家鋼鐵廠的工人使用農用拖拉機和工廠的鋼板，製造了四輛粗糙的坦克。這些部件被分開隱藏在工廠內，後來被焊接在一起，並裝備上87毫米口徑的大砲和重機槍。

與前面的例子一樣，地下部門可以在合法設施內，為自己製造物品，生產類似或只有外觀相似的物品。在二戰期間，波蘭家鄉軍（Polish Home Army）在合法的金屬作坊的生產輕兵器。手榴彈，因為很像波蘭圓罐Sidel通常被稱為Sidelowski，就是在生產波蘭圓罐Side相同的設施中生產的，而火焰噴射器則是在生產滅火器的工廠製造的。

地下組織生產並不總是需要合法掩護。小型製造廠可以完全被假牆隔開的房間和地下室隱藏起來。為了掩蓋機器噪音，可以在正在生產合法商品的地方附近建造店鋪。使用化學品的生產活動則可以在夜間進行，以掩蓋煙囪出現有色煙霧。

9-4-3 向一般民眾收集

在地下部門具有高度影響力和行動自由的地區，可以系統性地從民眾那裡收集物資。在農村地區，通常會為游擊隊收集食物。為了避免被當地民眾視為「土匪」或「犯罪組織」，地下部門必須支付徵用物品的費用，或提供某種形式的「欠條」模式來補償。

9-4-4　境外協助

　　一個國家在準備進行抵抗戰時，應該在危機爆發之前，就確保夥伴國家支援該抵抗運動。在被佔領時期的作戰和後勤需求，以及佔領者具有的廣泛情報和安全能力，通常都會需要來自外國的對抗戰支援。二戰中，英國皇家空軍向法國抵抗組織空投武器和裝備，這種方法需要提前協調，並且就投放區域的位置、確切的投放時間，以及地對空識別信號達成協議。這種供應方法幾乎完全在夜間進行，抵抗組織人員會先將物品存放在靠近投放區域的隱藏處，這使他們能夠立即離開現場，而且身上不帶有證據。

　　除非夥伴國家也希望敵方知道他們提供的支持國家抵抗運動的物資，否則外國政府也可以通過祕密生產、提供無法溯源的物品來支持抵抗組織。在伊拉克的海珊政權垮台後，伊朗革命衛隊（IRGC）就是使用了這種方法，為什葉派民兵提供材料以製造應急爆炸裝置。這種做法可以讓他們在政治上予以否認。

　　地下部門還可以利用從事外貿的企業，以非禁運標籤進口設備。例如，一家紡織公司可以訂購紡織機械，同時交付生產武器的機械或武器零件。

9-4-5 交通運輸

a. 車輛和海上運輸

▲ 在農村地區，武器和裝備，通常可以藏在農業機械中。而運往都市地區的貨物可以放在壓縮機、瓦斯筒、柏油噴灑器或其他工業設備中。在猶太人爭取獨立的過程中，有時會將物品藏在裝載大量柑橘的卡車中，美剛檢查人員試圖挖掘地下掩藏的東西，大量柑橘就會持續滾入，造成檢查難度。走私品也常常被覆蓋著肥料的防水帆布所隱藏，這種肥料帶有非常令人不愉快的氣味，通常會阻止穿著整潔的警察進行全面檢查。此外，來自知名公司的卡車，例如啤酒廠的卡車，它們的產品被運送到許多地方並且數量龐大，通常也不會引起懷疑。有時，身著警察制服其著摩托車的地下部門成員會護送重型卡車，看起來像警方護送的車隊，甚至有時成功加入英國軍隊的車隊，通過了許多路障和檢查站而不受檢查。

▲ 菲律賓的「新人民軍」利用漁船建立了一個複雜的島內和島間網絡，這些漁船看起來完全像用於合法島嶼貿易的典型漁船。這種方法非常成功，因為菲律賓的安全部隊，缺乏海上巡邏艇，無法保護水路。

b. 步行和動物運輸

在遙遠且多山的農村地區運作的游擊隊，通常使用步行和動物運輸物資，因為自然環境的限制，造成了進入的困難。在二戰中，希臘的地下部門，使用載運動物來走通過山區的小徑，並讓山區居民運送物資給地下部門。越共則動員了成千上萬的當地居民支持，組織成一個「後勤服務」，負責沿著小徑運輸武器、裝備、食物和彈藥，形成「人力拖車」的隊列。

9-4-6　儲存

有時物資可以儲存在個人的房屋中，但更常見的是儲存在中央位置。以減少在敵方破獲時的被牽連人數。隱藏物資的地方，通常會位於偏遠地區。法國的地下部門，在跳傘投送點附近挖掘和偽裝坑洞，以儲存裝備，直到能夠安全地運到更方便的藏匿地點。在越南，當地居民幫助游擊隊「戰場整頓」，將食物存放在即將進行襲擊的現場附近，這使得游擊隊能夠輕快地行動。當物資需要存放超過幾天時，儲藏地點應保持通風並隔熱潮濕，如有通風管道，應覆蓋著灌木隱藏。

9-4-7　維護

由於地下物流的性質通常是零散的、遭到干擾的或不可靠

的，抵抗組織必須提供自己的維護能力。游擊隊通常進行單位級的維護，而後勤部分通常執行較高級別的維護（例如更換引擎、武器維修）。如果抵抗組織控制了一個安全區域，它可以建立專用的維護設施。

9-4-8　醫療

　　地下部門必須建立有效的醫療能力，以維護其結構的穩定。受傷的抵抗組織成員通常不能去醫院，因為他們敵方安全部門的特工，或為佔領者工作的告密者，會通報受傷的抵抗組織成員的存在。這種情況可能在抵抗勢力和佔領勢力之間的激烈衝突後，傷亡者出現後發生。佔領者將鎖定新入院的人，特別是那些帶有特定類型傷口的人。有效的醫療服務還可以維持士氣，使個人願意稍加冒險行事，因為他們知道將有醫療幫助。在戰爭發生前，抵抗組織的計劃，還應包括協助傷亡人員撤離到夥伴國家的方法。在醫療資源可能不足的人口密集區，抵抗組織可能通過提供醫療服務，以維持人民的忠誠。在抵抗組織的規劃中，就應該確定所需的醫療專業知識，可能招募適當的醫生、護士和技術人員，以供未來作為後勤人員使用。

　　抵抗組織的規劃不僅應考慮疏散到夥伴國家，還應考慮從該國接收醫療用品和設備的可能性，可能存放在隱藏地點，

隨時補充現有的供應和設備。在危機爆發前，應確認希波克拉底誓言的實踐，以維護訊息環境中的正統性。抵抗組織的醫療網絡可能相當廣泛，它需要專門的地下醫療人員、運輸服務、供應品、設備和設施。這樣的專用網絡，可以在醫療上維持抵抗組織，特別是當行動中有受傷的成員，也可以維持抵抗士氣。專用的地下人員、供應品、設備和設施應該由後勤人員的訪問來補充。

9-4-9 喪葬事務

從戰術行動現場（如襲擊或伏擊）撤離陣亡的抵抗戰士，對於維護安全至關重要。陣亡者被識別可能危及抵抗成員家庭的安全，並可能向敵人提供有關組織成員或更大抵抗組織的重要情報。在這種情況下，抵抗人員必須將陣亡者的屍體，暫時遷移和埋葬，直到屍體的合適埋葬或處理成為可能。移除和埋葬陣亡者不僅剝奪了敵人有關抵抗組織成員、數量和組織結構的情報，還剝奪了他們的宣傳機會。

9-5 培訓

對於確認的抵抗組織成員，例如核心幹部，應該在危機發生前進行，並納入國防規劃和整備工作的一部分，以實現**全**

面審查、**全面技能**培訓（甚至交叉培訓）的目的。培訓抵抗成員需要結合「硬技能」和「心理準備」。如果是被佔領期間，培訓就會轉變成**針對性**、**任務式**，對象包括地下部門、後勤部門和游擊成員。游擊隊、顛覆人員、行政專家、信差和其他行動人員只有在武器、爆炸物、通訊設備等方面具備能力時，才能完成其任務。培訓過程應該超越純粹的技能培養，還應該包含增強組織安全性，提供足夠的教育，並從中選擇、培養未來的領袖。一旦抵抗運動啟動，人員就會從中獲得種種經驗，此時也將所學到的教訓，傳承並納入其持續培訓計劃中。

　　在初始培訓期間，領導者會評估新人的可靠性或對組織的風險。因此，對新人的初始培訓具有技能培養和門檻篩選的雙重功能。只有展示出能力、承諾、成熟度和對國家自治和國防事業的忠誠者才能獲得更高層級的培訓機會。

　　如果在佔領區中祕密進行此類培訓，通常需要更長的時間。培訓往往是間歇性的，短期間隔，重點放在個人或小單位上，而不會是對大組織的集體培訓。最常用的兩種培訓方法是使用訓練營和線上培訓。

9-5-1　訓練營
　　與國家常規部隊和特種部隊的培訓一樣，訓練營可以提供

孤立的環境，專注於技能培養和教育，以培養有能力且忠誠
的個人。在危機爆發前，政府可以建立必要的設施，爲潛在
的抵抗成員提供這種培訓。在被佔領時，這些設施必須讓佔
領軍無法接觸，方法可能是位於外國。歷史表明，在允許或
半允許的環境中，建立的訓練營可以發展成爲培養抵抗戰士
的高效機構。越共在接近新兵居住村莊的鄰近地點培訓新
兵。表現出最大潛力的新兵接受額外的高級培訓，並被分配
到主力部隊。這些部隊人員都因而充滿動機，格外積極。

在以色列於1982年入侵黎巴嫩後，伊朗伊斯蘭革命衛隊
（IRGC）的一些成員移入黎巴嫩的貝卡谷，建立了形成後來
的真主黨所需的基礎設施。IRGC對新興的叛亂分子進行軍
事培訓和宗教教育。到1984年，IRGC運營著六個訓練營，
爲真主黨游擊隊及其家庭提供薪金、醫療福利和免費教育。

9-5-2　線上培訓

網際網路、個人電腦、可攜式數位設備和無線通訊的發展，
已經徹底改變了社會和衝突。也爲地下部門的培訓帶來革
命。在網際網路出現之前，有關武器、爆炸物和戰術的訊息
來源相當有限。如今，很多激勵性和操作性資訊都可以在網
路點點滑鼠就能獲得。然而，在進行線上培訓時，應考慮到
敵人進行SIGINT的能力，網路行爲會有相當的風險。必須

采取措施,確保在進行線上培訓時的安全。

黎巴嫩真主黨開發了一款名為《特種部隊》的遊戲,在現實事件設定下,玩家可以體驗對抗以色列士兵的模擬操作。這款遊戲允許玩家對以色列政治領袖進行「練習射擊」。通過發布這款遊戲,真主黨能夠輸出其意識形態和一種技能建設形式。[10]

政府應維持這些線上攻擊和防禦措施。在危機爆發前,政府尚擁有許多資源來維護、保護其訊息以及安全通訊,因此,這是培訓人員的最佳時機。因為在被佔領時,這些資源可能無法安全使用。但也應注意,即便已經接受了培訓,國內的抵抗力量,可能仍需要訪問這些線上資源,以持續培訓抵抗運動各種能力。在線培訓中,最明顯的特徵是駭客社群不斷增長。每年出現成千上萬個新的網站,提供給駭客的教學與工具,其中包含操作的專業知識、技巧和「最佳實踐」。訪問這些網站,可以學到詳細的技術,用於發動例如「阻斷服務攻擊」、「竊取密碼」、「過載網站」,以及「尋找網絡漏洞」等等。他們還可以下載用於加密、編程和數據操縱的工具。在

---

10. 2007年真主黨推出新版《特種部隊》,請見網友的開箱影片 (英文)

「利用不屬於主權政府一部分的個人或組織」必須在是否嚴重違反「政府的規則和法律，還有在訊息環境中的正統性」，應該盡量找到其平衡點。

9-5-3　進行培訓

如果在危機爆發前，抵抗成員的培訓上未完成，那麼這個培訓工作將成為地下部門的核心職能。通過培訓體制，地下領袖選擇、評估和培養新兵，以便讓地下和游擊隊的人員到位，同時也可能針對後勤成員，進行非常明確的培訓。網際網路提供幾乎無限的、最新的培訓資料，涵蓋各種硬技能，可以善用網路資源。

如果需要進行長期抵抗，IRA（愛爾蘭共和軍）是一個具有教育意義的例子，展示了一個組織如何計劃、組織和執行培訓。其總部的培訓部門，負責維護所有培訓資源和設施。他們在三個領域進行培訓：新兵培訓、操作技能培訓和情報／對抗情報、安全培訓。

▲ 新兵培訓強調「激勵性訊息」，如國家歷史和愛爾蘭抵抗歷史。後兩個培訓課程側重於進行操作所需的硬技能，以及保護組織安全。

▲ IRA學會強調嚴格的武器、爆炸物、城市和農村戰術培訓和教育。這是因為之前對武器和爆炸物的經驗不足導

致了許多友軍悲劇性的死亡和過早的爆炸，以及輕率和技術不熟練的年輕人進行的無效襲擊，這僅僅引來了逮捕、審問和政治失敗。

▲ IRA 還試圖改進製造炸彈、狙擊、後勤和情報的表現。因此，他們偶爾將專家聚集在一起接受培訓，並傳授經驗教訓，以提高安全性、保安和表現。

▲ 祕密培訓要求通常不便於嘈雜且難以隱藏的實彈武器培訓。因此，IRA 在愛爾蘭的各個偏遠地點進行培訓，包括被遺棄的農舍、無人使用的海灘和樹林。在某些情況下，他們使用非爆炸性炮彈在海灘進行砲火射擊。為了安全起見，新兵通常被隱瞞這些營地的確切位置。IRA 也與國外的支持團體建立良好關係，並在國外地區進行培訓。

9-6 通訊

通訊涵蓋所有組織內、外的資訊交流。就抵抗運動來說，包括與武裝、後勤、公共部分間的協調等作業，都需要通訊系統才能進行。地下部門的通訊應當都是祕密的，所以必須在傳遞消息時衡量消息如果被攔截，可能會暴露人員、計劃和設施的風險。

　　從歷史上看，地下通訊系統會隨著抵抗進行而發展。當抵抗被納入國防規劃的一部分時，就應有安全且具後備功能的通訊系統可供使用，在危機爆發前提供確定的抵抗成員培訓用，也可用來培訓這些人員具體的保密方法。這可以在佔領後，避免發生無標準紀律和統一性問題。為了避免呈現出容易被識別並揭露的模式，地下必須靈活採取各種方法，如面對面會議、信差、郵件、祕密交換點、無線電、手機、網際網路和社群媒體。為了應對佔領方使用的對應措施，地下部門一定要接受安全措施相關的培訓，如密碼、無線電跳頻、展頻和其他安全措施。

　　抵抗計劃也應該包括開發、維護替代的通訊方法，以減輕對手的干擾能力。如果佔領者控制了大部分或全部國家，他們可以禁用、阻擋、攔截或更改技術通訊。佔領者還可以使用檢測方法來識別、跟蹤、逮捕或暗殺抵抗領袖和成員。因此，國家抵抗運動及其夥伴國家不應只將通訊計劃於技術選項，還應納入非常規的非技術通訊方法。

9-6-1 技術通訊

　　抵抗力量使用各種類型的無線電，從超高頻無線電到業餘無線電和市民無線電。雖然它們容易被干擾、攔截或被定位，但它們也便宜、可替換，並且不需要像電話或網際網路電子

郵件帳戶那樣需要可追蹤的帳戶。

　手機雖然具高風險，但也非常有用。通訊可能被監控，位置可能被追蹤，如果被鎖定捕獲，還會提供大量訊息。這類缺點在伊拉克導致札夸威（Abu Musab Al-Zarqawi）被定位狙擊。在阿富汗，塔利班安排在夜間關閉手機發射台，以阻礙美國的作戰行動。在伊拉克，叛亂分子則迫使商業公司繼續提供服務，因為這對叛亂分子的行動很有用。

　網際網路通訊也具有類似的優點，包括速度和準確性，但如果被捕獲，也會有監控、位置洩漏和訊息泄漏等缺點。然而，叛亂分子已經有效地利用它們來進行宣傳，通過上傳他們自己的襲擊的數位影片圖像。抵抗力量還可以上傳有利的圖像，以幫助維護被佔領人民的士氣。

▲ 2004年11月至2005年1月的烏克蘭橙色革命變利用網路發布和手機使用，來推動和擴大對基輔當局隊選舉操縱的抗議行動。組織者利用網際網路來組織示威、靜坐和罷工，也同時吸引國際觀眾的支持。類似的方法，可以用來組織抵抗佔領者的非暴力抗議活動。

▲ 2009年，摩爾多瓦的抵抗運動則利用Twitter來引發動亂，上傳抗議行動、政府的反應，也藉此向國際社會尋求幫助。一個抵抗組織可以使用類似的方法，向與我友好的外國人群以及自己的僑民尋求支持。

▲ 可以在網路發布成功的游擊或地下襲擊的影片，或大規模示威活動等其他事件，以此削弱佔領部隊的士氣。也可以用來吸引抵抗運動的新成員，展示其韌性，同時支持反對佔領者的國家士氣。也可以成爲政治宣傳工具，影響侵略國家自己本國人民，降低他們自身的支持度。

▲ 技術通訊，如網際網路和手機，可以增強招聘、資金、培訓、宣傳，甚至情報行動，也會吸引網絡上的大量受眾。社群媒體的分散性，在接觸和動員大衆方面也非常有用，在規劃和控制日常操作方面無與倫比，除非對手阻止接收，此外，敵方可能也會使用社群媒體，欺騙被佔領人口或反對抵抗組織的工具。

地下部門必須使用有效的通訊來生存和成長。地下部門必須與地下、後勤部隊、游擊隊、遷徙或流亡政府（以及在適用的情況下，抵抗運動的公共部分）之間進行通訊。此外，與國際上各階層的實際和潛在的支持者在國際社會進行通訊，以此削弱侵略國家的人民士氣，也是成功關鍵。

9-6-2 非技術通訊

非技術通訊的優勢，在於不會留下可被攔截的數位軌跡，但它增加了進行通訊人員本身的風險。非技術手段包括面對面會議、信差、郵件系統和祕密交換點。祕密交換點是指設

定一個隱密的地點，可以存放消息、貨幣或物資，以便稍後由另一個特工提取。優點在於，無論是投遞通訊或物品的人，還是接收它們的人，都不必見面，甚至不必認識。在預先安排的位置進行投遞的人，會在該位置或其他位置，安排某個只有適當聯繫人才能識別的物理標誌。該標誌通知接收方，表示某個物品已位於祕密交換點，可供取件。這種方法面臨的最大威脅是監視。因此，地下部門必須采取安全預防措施，例如持續改變投遞地點和祕密標誌，並進行反監視。

在祕密通訊中，使用非面對面的方法時，確認接收者收到發送者的訊息非常重要。如果無法確認收到的，地下部門就應假設消息已被攔截，採用的網絡可能已有漏洞。在這種情況下，可能被危及的成員必須準備好掩護，或至安全屋等待風險評估。

9-7　安全

在面對強大極具能力的敵人時，安全是抵抗組織在所有面向、活動的首要考量。對指定的抵抗核心成員進行危機前的安全培訓，對確保之後的行動和生存至關重要。通過建立和執行安全措施，抵抗運動強化了組織的完整性，成員的安全性以及進行行動的能力。抵抗運動的組織安全預防措施，主

要是地下部門的責任，而後勤成員則通常負責威脅的預警。

9-7-1　組織分級

　　區劃是將組織或活動分為功能或小組的區隔，以此限制之間的通訊，防止其他區隔者的身分或活動洩漏，除非有必要知道。這種措施限制了上下級以及橫向之間的聯繫，因此能夠有效降低整個組織被破壞的危險。通過使用這種方法，任何被捕獲的小組成員，最多只能洩露他們同級小組成員的身分。

9-7-2　篩選新成員

　　新成員，尤其是在佔領期間，因為可能有潛在的敵對國家特工，因此存在更高的風險。因此，必須對他們的背景、政治活動、工作、家庭和人際關係進行檢查。此外，可能還需要設立一個試用期，在該期間可以對他們進行監視和測試，通常以後勤型任務為主。

9-7-3　通訊安全。

　　在技術和非技術通訊方法的基礎上，可以使用代碼來指定地點、行動和作戰計畫，也可以用作不認識彼此的抵抗成員的識別方式。1998年科索沃爆發大規模衝突，每個科索沃解放軍（KLA）領袖都認為，塞爾維亞情報機構監控了他們

的手機。因此,手機討論被保持在最低限度,需要嚴格遵守操作安全,不準提及可能容易被塞爾維亞情報機構攔截的地點、名稱或具體可觀察到的事物。

9-7-4 保持記錄

儘管對於幾乎所有組織來說,保持記錄是必要的,但在被佔領的地區,書面和電子記錄必須保持在最低限度。只有無法記住或需要用於將來參考的訊息應該被記錄。二戰時期法國抵抗網絡「卡特爾」(Cartel) 的經歷,即告訴我們詳細記錄的風險。該組織的領袖製作了成員名單,包括姓名、地址、外貌和電話號碼,並且未以任何加密方式。1942 年,一名組織信使携帶了 200 張這些卡片的公文包,在乘坐火車前往巴黎的過程中睡著了,當他睡著時,一名德國情報特工拿走了公文包,導致了該網絡的瓦解。

9-7-5 個人安全措施

在佔領期間,個別抵抗成員必須融入環境。成員必須保持或建立與鄰居的日常生活,以免引起注意。一位前反納粹德國地下部門領袖表示,要避免現代警察國家的監視很難,但可以誤導。最好的方法,就是盡可能地以正常而公開的生活方式。在各方面越像一個普通市民,越不容易受到懷疑。今

天，這不僅是身體作為，也是線上行為。個人安全的另一種
策略是，建立一些不規則行為模式，調整自身規律以檢測敵
方的監視，也是有效的反監視。

9-7-6　安全避難所

　　現代國家安全部隊的強大技術情報收集能力，提高了抵抗
組織安全避難所的重要性。這種安全避難所，必須位於敵人
或佔領安全部隊，無法進入或幾乎無法進入的地方。在國內
可建立有限的安全避難所，這些地方位於可靠的支持人民
中，屆時也可以仰賴他們提供後援。最有效的安全避難所會
是安排在位於國外，最好是夥伴國家、物理相鄰的國家內。

9-7-7　在被捕情況下的行動

　　抵抗成員應該建立一個行為守則，規範被捕時的行為。一
般來說，行為守則應禁止洩露訊息，例如名字、化名、地
址或涵蓋過去、現在或未來行動的訊息。此外，成員應該準
備好，並了解，敵人可能使用的潛在審問技術。常見的審問
和訪談技術，包括安排假的被捕人員，試圖贏得信任並獲取
訊息。另一種技術是利用已知的訊息，欺騙被捕者已經被出
賣，破壞了他的忠誠。另一種技術是承諾寬大或特赦以換取
訊息。

10 領導和治理活動和職能，以及流亡政府

10-1 流亡政府

流亡政府是一個被驅逐出其原籍國家的政府，但仍然被承認爲該國合法的主權行使者。在極端情況下，當國內政府無法在國內繼續運作時，將國內政府流亡應該是國家防禦計劃的一部分。其目的是透過一個主權的、合法的政府來保留國家代表權，該政府可以在其夥伴國家的支持下，代表國家並共同努力恢復國家主權。流亡政府通常會在附近的夥伴國家尋求庇護。流亡政府應該與被佔領領土上的代理政府有密切的關係，並掌握對其的指揮權。流亡政府對那些抵抗運動的外部支持提供一個現成的機構。流亡政府的職能和關係如圖3-6。

10-2 抵抗領導層

儘管對於抵抗組織來說，一定程度的集中化戰略指導和規劃是必要的，但領導的形式範圍從簡單到複雜，從集中到分

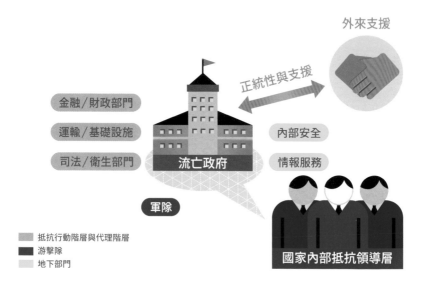

圖3-6　**流亡政府代表機構通用示範圖例**

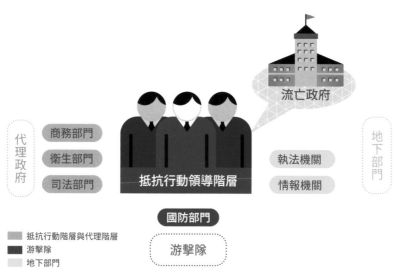

圖3-7　**抵抗領導階層與其他部門相對關係範例**

散不等。透過越來越多地使用社群媒體和訊息技術，抵抗組織可以以更加分散的方式運作。如果在被佔領地區可以使用網際網路，並考慮到安全要求，成員可以與國內外的同伴藉此建立虛擬聯繫。抵抗領導的關係如圖 3-7。

10-3　代理政府

10-3-1　目的

代理政府是抵抗組織的祕密治理單位，位於地下。它可能會與佔領政權使用的國家結構重複，但與之相對立，以祕密的方式在被佔領地區代表並支持流亡的政府。其主要目的是影響人民的行為。特別是，它試圖通過非暴力和被動抵抗方法，維持或增加人民對佔領者的抵抗，同時採取行動避免通敵行為）。

10-3-2　結構和角色

代理政府（特別是可能會以年為單位的長期內運作）通常會模仿佔領政權的或大多數政府治理職能（例如，安全和警察，司法程序，社會和衛生服務以及通過稅收的資金取得）。代理政府的角色包括：為抵抗組織增加正統性，削弱佔領者的權威，阻止任何組織或個人與敵人的合作，在必要時採取

司法程序。代理政府將其祕密功能與其他抵抗部門合作，協同擔任祕密職能。它不是爲了控制其他部分而行動，而是爲了影響人民。代理治理對人民施加了一定程度的監督、控制和可歸責性。這種可歸責性可以延伸到在佔領期間收集的訊息，以幫助對通敵嫌疑這進行恢復主權後的司法程序。代理政府的職能是爲了使佔領者變得不受信任，支持和影響人民，並爲抵抗組織提供正統性。組織上和概念上，它通常是地下部門的附屬部分。代理政府的複雜關係如圖。

10-3-3 維持正統性

代理政府的成員都會是當地公民，因爲具有相同身分，人民通常會授予他們很大程度的正統性。它也必須被認爲是能代表人民最大利益、應該協助公開的執法機構，逮捕傷害人民的一般罪犯。在公開部門不足時，則需建立自己的執法機構。它可以爲有需要的人民提供或補充社會服務，就像波蘭地下政府（PUS）在二戰中的作法。代理政府必須獲得並維持運作中的實質主權，並與流亡政府緊密聯繫。它還必須避免過度作爲，以防止資源不足，因而無法提供它原本承擔的職能。這將等同對抵抗的削弱，並被敵人用來破壞它。對於一個由抵抗外國侵略者抵抗的國家，代理政府在流亡政府的指導下行動，應維繫在人民以及國際社會中的正統性。

10-3-4　短期與長期

　　國家抵抗的性質和背景都跟叛亂不同。叛亂是基於對一個
國家政府的不滿而發生在國內的運動，該政府基本上是被國
際承認並合法的。抵抗則是由主權國家的合法政府與人民，
對外國勢力的佔領採取的戰爭形式。按照這一概念，國家抵
抗戰是一種短期措施，旨在協助本國、夥伴國家一同恢復國
家主權免受佔領。它不是毛澤東主義意義的「革命戰爭」，「革
命戰爭」旨在推翻和取代社會和政治體制。只有在國家缺乏
能協助恢復國家主權的夥伴國家的情況下，這將成為一個長
期的鬥爭。在這樣一場長期鬥爭中，代理政府必須逐漸增加
其在內部安全和提供服務提供方面的角色，以增強其在國內
和國際上的正統性，贏得人民的忠誠，以支持流亡政府尋找
致力於恢復國家主權的夥伴國家。

10-4　正統性

　　在國內情境中，政治正統性的概念是基於對國家的理解，
即國家是通過社會契約與其公民形成的政治組織。在這個社
會契約中，合法政治權力源於被統治者的同意，同時概述了
被統治者和政府之間的互相義務和權利的相互關係。當外國
國家入侵並佔領國土的任何部分或全部時，是沒有被統治者

的同意的，因此沒有社會契約。被驅逐或流亡，但仍然合法的政府必須不斷通知其人民，它依然存在，並一直努力恢復國家主權，以保持其正統性並否定佔領者的正統性。

在國際情境中，流亡政府的正統性，是在其統治國家領土並在敵人入侵之前就形成的。該政府越接近滿足國際正統性標準，通過主要國家的共識（特別是如果是通過民主程序產生的），那麼它越有可能獲得其他國家以及自己人民的支持。

在一個國家抵抗侵略國家侵犯的情況下，如果它符合上述兩個國內和國際條件，那麼佔領者所建立的新代理統治國家當局，在它試圖統治的人民中幾乎沒有正統性，只有可能有一小部分人會遵從佔領者。佔領者將很難在國際社會或國內人民中，贏得對其新建立的政權的承認。根據國內和國際的支持，遭受攻擊國家的流亡政府的正統性仍然存在，並且不需要重新建立。爲了保持這種正統性，抵抗必須避免各種殘酷的戰術、侵犯人權以及犯罪行爲，同時遵守適用的戰爭法、日內瓦公約及其適用的協議以及國際人權法（IHRL）的相關法律。

10-5　主權

正如本文件中早些時候所討論的，主權可以分爲「法律」和

「事實」兩個方面。儘管佔領者會對此提出異議，但原國家政府可以通過準備必要的法律框架，將統治權轉移給流亡政府，以繼續代表國家。對被佔領的領土擁有技術上的法律主權，佔領者將行使實際主權。抵抗可以通過其游擊、地下和後勤部分，流亡政府，尤其是代理政府的活動來挑戰這個事實主權。

10-6　抵抗的公共部門

除了地下、游擊和後勤的抵抗構成要件之外，還有可能在被佔領區域內存在一個公開組成部門。這個公開部門可能以政黨的形式存在，對新當局採取非暴力抵抗。為了讓新當局允許其繼續存在，它應該公然承諾進行非暴力抵抗。

這個公開部門（抵抗行動的政治部門）可以促進國內對其國家選民以及國際觀眾的廣泛溝通。它還可以為佔領當局提供一個與表面上與抵抗活動無直接關係的談判對象。如果佔領者決定放棄其侵略行為的統治的野心，那麼這個公開部門或政黨將是它最有可能進行談判的實體。

以PIRA為例，它從官方IRA中分裂出來的激進分子組織，因為1969年IRA試圖開始政治磋商。PIRA反對參與政治過程，因為它擔心此舉將合法化北愛爾蘭和愛爾蘭共

和國是不同政治實體。然而，當桑茲（Bobby Sands）在
1981年因絕食抗議而喪生時，PIRA見證到了國內和國際上
紛紛對IRA事業的政治上的支持，PIRA意識到政治過程的
價值。不久之後，格里・亞當斯（Gerry Adams）於1983
年成爲了新芬黨黨魁，政治過程開始主宰雙方斡旋，暴力行
爲逐漸減少，直到2005年，PIRA宣布結束武裝斗爭並解
除武裝。

11 非暴力抵抗

　　雖然非暴力抵抗的角色和方法，有時會被宗教和哲學思考
所混淆，但其策略可算是一致。通常，抵抗組織會組織和指
導非暴力抵抗技巧，並說服普通市民執行這些技巧。過去35
年來，非暴力抵抗和大規模動員對重要的抵抗組織和運動多
有貢獻。這方面的例子有，1980年代波蘭的團結工聯，對
最終推翻共產主義政權發揮了決定性作用。烏克蘭的2004-
2005年「橙色革命」則是大規模動員，包括廣泛的公民不服
從，成功地推翻了一個非法當選的政權，換上眞正的民主政
治程序。

抵抗部門可以使用各種行動，削弱敵人對領土和人民的控制。非暴力行動包括抗議、示威、靜坐、抵制、佔據政府辦公大樓或其他地點、塗鴉、標誌或媒體張貼、無視佔領者的命令等。抵抗組織還可以借用展演活懂、節慶和機構合作，將文化認同與抵抗事業相結合。這些行動擾亂了由佔領敵人領導或影響下的政府和公民社會的順暢運作。非暴力抵抗還可能引起敵人的過度回應。這種回應可能從「立即逮捕」和「可能的暴力行為」一直到「對社區或整個社會的長期侵入性限制」。這些過度反應或過度行動，可能會分裂內外部支持者（包括敵人的國內人民）和中立者。在出現這種情況時，抵抗組織必須利用這一點，將敵人描繪成不公正和非法的佔領者，這足以形成國家抵抗敘事的基礎。同時，通過支持這一敘事，抵抗部門的代理政府，可以彰顯佔領者的性格和道德，與抵抗者之間的明顯差異。這些行動阻礙了敵人建立在被入侵國家上的正統性，削弱了敵國政權官員（包括安全部隊）的士氣，佔據了敵國的時間和資源，並阻止了對強加政權的大眾支持的形成。

11-1　非暴力抵抗的目標

非暴力抵抗意味著一個非武裝團體，利用社會規範、習俗

和禁忌活動，試圖引發佔領部隊的行動，使大部分民衆意識到佔領政權及其傀儡代表的暴行，進而激起民衆的抵抗意志。如果佔領者不對非暴力抵抗者的行動作出回應，抵抗者將癱瘓公共秩序和安全的運作，嚴重挑戰敵人的統治能力。

非暴力抵抗基於一個基本的命題，即便政府或社會組織擁有實施權力，也需依賴於衆多個體的自願幫助和合作。這種對抗權力結構的方法，本身就是試圖說服人民拒絕與佔領者及其傀儡合作。

11-2 非暴力抵抗的策略

不合作作爲的主要策略，通常以受苦來作爲手段，當非暴力抵抗者在佔領者手中遭受折磨時，相對展示了他或她的正直、承諾和勇氣，也顯示了佔領者的不公、殘忍和暴政。如果非暴力抵抗者引發了佔領部隊或政權的回應，該回應被視爲不公或不公平，那麼對「暴政」和「迫害」的指控就得到了證實，其目的是消除對佔領政權的支持。

然而，對這種策略的誤解是，它旨在通過後悔來說服對手改變心意。這種誤解犯了一個錯誤，即假設在這個過程中只有兩個參與者：遭受苦難的抵抗者和對手。然而，非暴力抵抗是在三個參與者的框架內運作：遭受苦難的非暴力抵抗

者、對手（佔領敵人及其安全部隊）以及更大的觀衆（人民）。在對抗佔領敵人的國家抵抗情境中，觀衆被廣泛擴展，甚至包括敵國的人民，以減少對該國行動的內部支持，並擴展到許多在支持抵抗的國家內，或可以被說服而支持抵抗行動的國家。每個衝突情境都受到觀衆參與程度的極大影響。

影響這種階段性苦難效果的變數有很多。其中一個是佔領者的態度。這種方法的成功，取決於佔領者是否在乎人民如何看待它。如果佔領者不在意民意，那麼非暴力抵抗策略不太可能奏效。

除了讓輿論拋棄敵方外，地下部門支持的非暴力抵抗還有其他兩個目標。第一個是削弱佔領安全部隊和政府官員的士氣。面對非武裝和非暴力的活動人士，可能會瓦解大多數安全部隊的凝聚精神。第二個目標是牽制安全部隊。通過組織非暴力抵抗事件，地下部門可以成功地轉移安全部隊的注意力，使其無暇執行其他任務。非暴力行動與游擊隊或地下部門之間的協調行動，可以極大地擾亂安全部隊。

11-3　非暴力抵抗技巧

非暴力抵抗可以從針對特定法律的小規模孤立挑戰，到完全無視佔領當局權威。非暴力抵抗技巧分爲三種一般類型：

「吸引注意力措施」、「不合作」和「公民不服從」。非暴力抵抗
技巧的基本考慮，是它們是否有助於合法化非暴力抵抗者的
立場，並同時弱化或挑戰佔領政權的權威。

11-3-1　吸引注意力措施

　　非暴力抵抗在初期階段通常採取能引起關注、爲行動提供
宣傳或對佔領軍造成困擾的行動。引人注目的手段包括示
威、大規模集會、擋路、以及製造符號。示威和擋路有助於
宣傳抵抗運動，並向更廣泛的公眾傳達有必要維持對抗佔領
者的需要。這些活動爲內部和外部觀眾傳遞了訊息。例如，
突尼西亞的動盪始於2010年12月17日，由一名26歲的水
果小販發起，他爲抗議當地官員的羞辱手段而自焚。這最終
導致大規模抗議活動和與突尼西亞安全部隊的衝突，造成全
國約100人死亡。

　　因此，當時的突尼西亞總統本‧阿里（Ben Ali）下台並離
開了該國。在二戰期間的丹麥，納粹佔領期間，克里斯蒂安
國王（King Christian）成爲非暴力抵抗的象徵。每天早晨
不帶警察或助手，在哥本哈根騎行，並且在宮殿日夜升起王
室旗幟，他表明了自己作爲人民的合法代表和代表的存在，
表明了他與德國人談判的準備，以及他對人民的領導。

11-3-2 不合作

不合作的技巧，要求被動的非暴力抵抗者，以「稍微」刻意的方式進行正常活動，以減緩或妨礙過程，或誇大困難，但不至於被指控違法。這也在本書中之前被稱爲被動破壞。諸如速度緩慢、各種形式的抵制和不配合佔領者的活動都是不合作的例子。二戰期間的反納粹抵抗運動，包括刻意機床和精密儀器調校出錯。工人將貨物運送到錯誤的地址，或者將物品遺忘留在貨櫃中未去出。假裝生病也很普遍。這些不合作的行爲阻礙了戰爭作爲，但表現上又留下非故意犯錯的可能。在同一時期，南斯拉夫的鐵路工人使用了一種特別有效的不合作技巧：在聯軍空襲期間，他們放棄了工作，並在空襲後因爲假裝害怕，而離開了工作崗位，嚴重延遲了鐵路交通。

11-3-3 公民不服從

大規模參與蓄意違法行爲，通常是合法輕罪，構成公民不服從。這是非暴力抵抗的最極端形式，因爲它處於輕罪和嚴重犯罪之間，處於非暴力和暴力抵抗之間的分界線上。公民不服從的形式包括違反特定法律，例如不支付稅款來違反稅法，干擾交通來違反交通法，以及參與禁止會議、出版、言論規定這類法律。公民不服從也可以採取某些類型的罷工和

示威，大規模辭職，以及對財產的輕微破壞。

在巴勒斯坦，1920 年至1948 年的猶太起義／抵抗中，當地居民通過非暴力的公民不服從實踐了一種有效的抵抗形式，阻止了英國安全部隊捕獲哈加納（Haganah）突擊隊。當警察開始搜索哈加納時，人們堅決拒絕安全部隊進入他們的家中，不使用任何武器，只進行肢體衝突，投擲磚塊和石頭，並傷害了許多安全部隊成員。在英國包圍的跡象出現時，將會發出一聲鑼聲或警報聲，在這個信號下，來自附近定居點的村民將湧向該地區，使該地區充滿了外來人，從而有效地阻止了英國辨識入侵村莊的負責人。

公民不服從是一種強而有力的技巧，但要發揮作用，必須有大量人參與。風險是，違反法律會引起安全部隊的逮捕和司法處罰。然而，不服從行為的規模越大，政府實施懲罰就越困難且不利。在印度獨立運動中，甘地領導著數百萬人，參加了非暴力的公民不服從行動，對英國來說，印度人民廣泛地不尊重法律，但監禁所有違規者卻又不切實際，使其執行法律變得荒謬。這樣的行為可以被一個抵抗組織，用來阻止佔領者強制執行其意志，至少在某種程度上迫使其放棄權力。

11-3-4　網路行動主義

網路行動主義指的是在網際網路的正常、非破壞性使用

下，支持某一議程或事業。這也被稱爲線上串連、數位鼓吹、電子宣傳和數位行動。此類活動包括基於網路研究、網站設計和發行、通過電子郵件傳遞電子出版物和其他材料，以及使用網絡討論問題、形成社區，並由此規劃和協調活動。駭客行動則是利用電腦系統（駭客）進行政治目的，將公民不服從的方法帶入了虛擬世界。駭客行動的戰術包括許多訊息安全領域的新技術，如虛擬示威、電子郵件炸彈攻擊、網站入侵、電腦入侵，以及電腦病毒和蠕蟲。虛擬靜坐是網絡空間中的一種封鎖行動，其目的是干擾正常運作，從而引起對行爲者的注意。另一種形式的駭客攻擊是網站篡改，這種攻擊並不一定旨在竊取信息或損壞網絡，而是試圖用政治信息替換現有的公共內容。如果被佔領地區能夠連接互聯網，所有這些方法都可供抵抗組織使用。缺點是行動者可能被追蹤和發現，特別是在被佔領的領土上，因此這種活動應僅由專家執行。這種活動也可以由流亡或被放逐的政府對佔領者進行，也不會受到懲罰。流亡政府需要獲得友好國家的協助和批准，才能進行這種活動。

12　抵抗中的威嚇

　　政府創造威嚇元素是抵抗計劃的一部分。政府制定對潛在敵方行動的反制措施就是一種威嚇，要使對手相信侵略的成本超過了好處。由夥伴國家共同協調的防禦規劃，很可能比單方面行動具有更大的威嚇效果。強大的夥伴國家關係支持威嚇，可以鞏固對抵抗作戰的外部支持。爲了使抵抗成爲一種威嚇手段，潛在的侵略者必須意識到其存在。因此，一些訊息，特別是法律和政策框架方面的訊息，必須在公共領域提供給潛在的侵略者以便他們了解此類計劃。這樣的公共宣傳也有助於贏得大衆的正統性。

13 恢復主權／穩定運作考慮

13-1 抵抗後的穩定

抵抗後的「穩定和重建」必須從一開始考慮抵抗作為國防選項就放入規劃事項。在和平時期的防務規劃中，政府應該對後抵抗階段要有與抵抗行動相同程度的規劃。當主權被還給國家時，抵抗部門必須停

止所有行動。許多成員可能希望保持隱姓埋名。它的成員、政府和人民必須理解有該抵抗組織，仍然由國家的統治層掌握。它仍然是國家合法統治當局回歸和恢復的一部分。

成功的後抵抗階段和穩定秩序計畫，取決於釐清民族國家之所以受侵略者威脅的條件為何，以及任何在抵抗運動期間造成挑戰的社會環境情況。政府必須預見，內部政治力量在後抵抗階段可能不會再如以前一般平衡，許多社會內部關係將不會回到恢復原狀。那些在戰爭時支持侵略者的人民、團體和個人，需要處理他們與國內的關係。社會結構本身可能已經因敵人的故意行為以及一些抵抗作戰（經授權或其他方式）而受到損害。政府應該規劃讓所有抵抗參與者、社會各階層人民都走向相同目標。政府應該了解並規劃，需要繼續

採取行動讓國內、所有夥伴國家都一起努力維持自身的政權正統性。

如同在危機前的韌性建設，政府應該專注於維持民眾對國家的認同，而非指揮國家機器的特定政府。這也包括評估機構是否能滿足人民需求，這些服務必須是公平且包容的。後者尤為重要，因為無論國家機構的效能，特定國內少數群體，可能會認為政府忽視了他們或對他們採取了敵對行動。這可能最初讓敵人在國內獲得立足點，並在這些人群中取得影響力。

司法體系和執法機構需要特別關注。衝突後應通過國家的司法系統處理。這將確保並展示根據適用法律保護所有公民的權利，並保持國家和政府的合法性。此外，這將釐清對可能支持侵略者的少部分人群的後果。這也將鼓勵與此群體有種族、宗教或其他聯繫的人對國家的忠誠，確保只有那些通過特定違規與敵人合作的人面臨司法後果。

13-2　敵對派的存在

儘管敵人可能已撤退，但敵對派可能仍然控制著一些領土。這些忠實的敵對派可能會試圖繼續通過使用暴力、威脅或其他脅迫手段來阻止與合法政府的合作，以繼續破壞合法政府。在這種情況下，政府可能需要對這種內部對手使用武

力。無論國家是適用其軍事還是執法資源將是基於國家法律和因素的決定，例如參與人數、暴力程度、這些人的物理位置、被罷黜的敵國是否提供物質支援，以及維護國家正統性。

PART 4

第四部
跨部會的規劃和準備

① 簡介

　　抵抗計劃實際涵蓋所有的政府機構。創建一個全政府的方法，得以強化國家的整體準備和並建立好韌性。這樣的準備和規劃也是對潛在敵人進行戰略性訊息傳遞：侵犯我國主權的昂貴後果。抵抗規劃也應擴展到政府外的組織和其他實體，通過增強國家決心和國家一體性來提高韌性。首先，我們將以一般原則（6W）來談談這種計劃的形式：誰、什麼、何時、何地和為什麼。

1-1　誰

　　政府的每一層級都有責任全面性規劃抵抗的細節。這提供了層次分明、整合且互相支援的能力。這項工作最好由國家政府主導，特別是國防部，因為它可能最適合這個**主題**和**計劃的目的**。該領導機構擔任這項工作的主要協調者，但不一定獲得授權指揮其他機構。這些部門或機構的規劃通過提供共享的理解、參照資料、共同的術語和危機反應及抵抗活動的共同目的，促進了共同努力的一致目標。雖然國家政府（可

能是國防部）領導這項努力，但商業、私人和民間社會實體
也應參與到**總體防禦**的努力中。因此，計劃應該擴大，讓社
會各界參與國家防衛。

1-2 什麼

計劃是一個不斷發展、針對預期行動的工具，最大程度地
增加反應機會並指導反應。既然計劃是一個持續的過程，所
以計劃是基於可用訊息、現有能力和理解的臨時產物。它會
根據新訊息和能力的出現進行改進。計劃的形成是一種全政
府的方法，通過整合了政府的所有面向，包括縱向和橫向。
計劃可能也需要擬定共同或重疊部位的責任領域或必要合作
的協議，以實現最好結果。

1-3 何時

計劃最好被視爲不斷發展的文件。應定期安排審查、更新
和修訂，所有起初制定計劃的實體（單位或個人）皆一起參
與。定期安排的審查之外，計劃也應根據威脅程度增高或其
他重大背景變化來進行更新。

1-4　何地

　　抵抗行動計劃最好由國防部主持。由於它可能擁有最安全的設施用以存儲這些文件，它可能在全國抵抗期間擔任主導部門。某些極其敏感的部分，例如指定的抵抗領導，可能最好保存在國外，也許是在一個夥伴國家的大使館。可能的選擇。

1-5　為什麼

　　抵抗規劃提供了三個主要優點：❶它允許機構、部門和管轄區，經由預先確定的行動、政策和流程在國家危機狀態中，能有其影響力；❷它劃分並創造了整合和互補的角色和責任的共識；❸它透過上下整合，在危機發生時提供一個共同的行動藍圖，從而有助於統一努力。這種協同規劃旨在增進協調，分配和明確責任，減少混亂，並提高效率和效果。這重規劃是國家準備的基礎元素，也是國防活動的必要部分。為抵抗而規劃本身即增強了韌性，是國家的優先事項。

② 整體政府計劃考慮事項

▲ 指定一個主導機構來領導計劃工作（最有可能是國防部）
▲ 國家機制所有必要工具的整合
▲ 政府機構在規劃目標領域的專業知識
▲ 那些對作戰環境和面對問題有共同理解的參與者
▲ 適合不同層次的討論的積極溝通管道，以便在計劃過程中開始並促進持續的關係，並可輕鬆分享訊息
▲ 具有陳述明確的共同目標，通過在實施層面全面整合和協調來實現結果
▲ 共同確定資源和能力的目標，以實現計劃目標

③ 全面方法

3-1 統一行動

通過建立一個戰略，將所有相關的國家機制與其他政府部門和組織、跨國合作夥伴和必要的非政府民間組織整合在一起，來發展統一行動。為所有參與者明確設定最終目標的關

鍵目標。多個組織需要一個一致的計劃（一個有關如何完成抵抗計劃的計劃），其中包括時間表和截止日期，以指導多個部門和機構的同時努力，更好地理解它們在更大計劃方案中的角色。

3-2　確立責任

當參與者了解必須實現計劃目標並同意如何實現計劃時，可以在參與者之間形成共同擁有和互相承擔的理念。每個部門、組織或機構必須明確識別他們將投入計劃工作的資源（人力和時間），並同意其組織分配的責任。

④　政府分層

爲了創建分層、互補而整合的計劃，每個政府層次以及每個公民都各有一定的責任。在抵抗計畫的**初始階段**，抵抗計劃跟一般應對緊急情況或災害的計劃差異不大。如果侵略者入侵領土，那麼在大多數情況下，首先會影響到大部分民眾的會是與自然或人爲災害相同的挑戰。

4-1　個人和地方政府

　　具有恢復能力的社區始於準備充分的個人。地方領導階層都是由地方政府、民間商業組織、企業和協會以及其他非政府團體所擔任。個人、家庭和特殊需求人士的照顧人員，應制定家庭緊急計劃（例如急難救助包）。也包括照顧寵物和服務動物。緊急供應品應包括食物和水、急救工具包、通訊設備的電池，以及可能的替代能源，如發電機供電。個人公民還可以參加急救課程，或者甚至參加一些國家提供的志願軍訓練。當地的警察、消防、急救服務、公共衛生和醫療提供者、緊急管理、市政工程和社區中的其他人員，通常是首次面對各種情況的一線人員。地方高級民選或指派的官員（市長、市或縣的行政官員），應負責確保居民的公共安全和福祉。他們會與周邊和上級管轄區、非政府組織和民間單位一起組織、整合他們的能力和資源。無論位於哪裡，社區中的零售商店、服務站點、製造設施或管理辦事處，這些商業機構都是社區內不可或缺的合作夥伴。非政府組織和非營利組織，在加強社區應對工作方面發揮著關鍵作用，通常是爲了應對自然或人爲災害而進行準備。許多這些組織擁有一般人難以接觸的知識，因此可進行志願者的培訓和管理，並確定庇護所的位置和供應品。

4-2　省級或中級政府

　　這個政府層級負責協調其轄區的資源和能力，通常也會從其他類似層級的政府獲取資源和能力。它通常擁有自己的執法人員，可以專注於協助特定地區。在某些國家，這些省級政府層次是主權實體（例如，美國的州），而在其他國家，它們是國家級政府的從屬層次，或者它們可能是混合式的。如果這些省級或中級政府是具有主權實體，就會需要更多的協調，因爲它們不一定聽從國家政府的指揮。

4-3　國家或中央政府

　　國家政府一般會維持各種能力和資源，除非有國家級危機需要調用，否則可以補充其他各層級政府。國家政府還應與私營部門和非政府合作組織，並與國際組織、夥伴國家保持合作關係。如果外國侵略者侵犯國家主權時，國家政府是當然的主要防衛者，也是其他政府層次的主要協調者，這就是爲什麼它必須領導這一計劃工作的原因。

⑤ 政府間機構的規劃與職責

　　抵抗規劃是由政府主導的，許多面向會與不同的機構或部門的重疊。另外，如上所述，要面對外國敵人的初期威脅階段，規劃方式會有點類似遇到天然或人為的災害。因此，既有的國家災害應對方式可以作為抵抗規劃的參考基礎。

　　以下是針對國家政府部門規劃活動的一些建議範例，分為**「危機前或威嚇」**、**「危機」**和**「外國佔領（部分或全部）」**的三個階段。接下來的部會名稱是試圖模擬大多數國家政府的分工。第一個階段的職責範例，主要是政府於國內和平時期的運作。第二階段「危機期間」的職責範例，包括將部分部門活動轉移到國外，以支持主權政府的治理的連續性。第三階段、敵人佔領下的職責範例，區分在佔領區繼續在運營的部門，以及作為流亡政府的已被轉移出去的特定部門，二者一同努力恢復國家主權。

　　此外，某些政府部門和機構在夥伴國家的軍隊進入時可能有特定的角色，以協助恢復國家主權。這裡將不詳述，這類計劃協調與夥伴國家的支持有關。

這些建議的職責僅是考慮行政、傳統和文化差異後，可執行工作的範例，希望能對國家抵抗的規劃有幫助。

5-1 國防部

5-1-1 危機前／威嚇期

可能是整體的主導規劃部門。負責訓練特種部隊、常規部隊，以及預計會在抵抗組織中有特定角色和職責的人員。主辦各種民間領導的國家危機規劃小組，組織、監督和領導政府抵抗的規劃和準備工作。與夥伴國家進行聯合訓練和演習，為國防和抵抗活動提供各種支援。購買專用通訊、交通和其他設備及供應品。根據法律，指定儲藏地點並存放必要的設備和供應品。

5-1-2 危機期

與敵人交戰、捍衛國家主權；與政治部門協調，啟動預先指派的抵抗地下部門網絡；在屯儲點安置儲藏品；分配專用裝備；將預先指定的軍事領導階層，疏散至境外夥伴國家所預先規劃的地點。從這些地點，與夥伴國家協調內部（被佔領的領土）和外部行動，並為流亡政府提供軍事方面的服務和建議。

5-1-3　敵人佔領期

按計劃抵抗佔領者。指定小規模留守軍事單位（敵後部隊）執行計劃，以對抗佔領者、維持民眾士氣，並爲即將到來的夥伴軍隊做好準備。抵抗網絡依照流亡政府的指示對敵人進行破壞、顛覆、情報收集。根據需要招募、訓練和裝備額外的地下和游擊隊成員。

5-2　內政部／司法部（內部安全和執法）

5-2-1　危機前／威嚇期

協助國家立法機關撰寫法律，作爲抵抗組織「成立」、「發展」以及「物資支援和供應」的國家法律框架的，以及其活動的潛在行爲。另一方面，爲了反制不對稱的敵對勢力滲透社會單位和組織、對關鍵基礎設施造成威脅，因此要協助國家立法機關了解並制定法律。辨識、監控並打擊協助敵對外國勢力，而在國內社會中獲得影響力的破壞分子。

5-2-2　危機期

對已知的、大多先前被監控的、協助外國敵對勢力的破壞分子執行突擊和逮捕。增加協助敵對勢力的嫌疑團體和個人的監控。使用經過授權的緊急權力，反擊敵人的不對稱戰術活動。

5-2-3　敵人佔領期

收集佔領者的活動和人員訊息；抵抗組織的地下成員傳遞訊息，轉化為情報。支持並掩護祕密與抵抗組織合作的地方執法機構的活動；利用對佔領者活動的了解，監控並收集這些活動的訊息，以便恢復主權領土時，依據國際法律制度起訴佔領者；持續對一般犯罪活動進行執法，保護公民。

5-3　災害應對或民間緊急機構

5-3-1　危機前／威嚇期

向大眾教育和傳遞面對自然或人為災害時的責任和反應。協助公眾在初期階段做好準備。

5-3-2　危機期

為國家的物資短缺做好準備，並執行大部分災害應對程序。敵對入侵的早期階段將帶來與災害類似的各種問題，可能需要使用事先部署的災害應對物資。但應注意由於戰爭的背景和額外威脅，其他國家未必還會履行與我方原本的災害支援協議。

5-3-3 敵人佔領期

在佔領的情況下，繼續作爲國家的災害應對機構運作。在戰爭期間，盡可能協助、準備國家糧食和能源短缺危機，特別是當夥伴國家的常規部隊進入時，以恢復國家主權。

5-4 外交部

5-4-1 危機前／威嚇期

與夥伴國家達成協議，確保能在必要時，予以流亡政府法律承認和可能的庇護地點，並承認抵抗網絡是代表主權流亡政府運作。促進與僑民的關係，以便進行資訊傳播、情報、募資、戰略宣傳和招募。接觸國際組織和國際非政府組織，建立可能危機發生時的支援協議，並爲現在和未來的戰略溝通整合目的。

5-4-2 危機期

根據危機前所達成的協議，協調執行計劃，安全地將政府預先確定的關鍵成員，轉移到預定接收流亡政府的夥伴國家處。與總理或總統辦公室以及宣傳部門合作，執行強調敵國對主權國家的不正當、敵對侵略的戰略宣傳計劃。與通訊部門協調，執行戰略溝通計劃，在國際上宣傳敵對國侵犯主權和正統性的侵略性和非法行動。

5-4-3　敵人佔領期

繼續按照預先計劃的戰略宣傳，取得夥伴國家的人民和政府的正面印象，維繫他們我方主權恢復的支持，並與政府和國際組織推動對佔領國的國際制裁。

5-5　通訊部

5-5-1　危機前／威嚇期

在合法狀態下，根據主題和國家敘事，開發並向國內和國際受眾傳遞戰略性的傳播訊息。預備危機戰略溝通。識別並瓦解敵對通訊對國內網絡的滲透。協調政府和非政府實體以利用各種現有的網路能力。開發替代的通訊系統，以應對通訊嚴重中斷的可能。協助開發（或購買）安全供抵抗組織使用的通訊工具。設計替代的抵抗通訊手段，增加通訊網絡的韌性。

5-5-2　危機期

根據預先計劃和批准的主題和敘事，傳遞國家戰略傳播訊息。根據緊急法律允許，識別並瓦解國內的敵方通訊能力。根據國家主權單位的指示，攻擊敵人的通訊能力。接觸合作夥伴和其他國際媒體機構，以獲得國際支援。

5-5-3　敵人佔領期

　　恢復和修復網路和電信基礎設施，特別是緊急系統。根據與其他相關機構的協調和計劃，傳遞預先計劃好的資訊戰內容。祕密監控佔領者的活動，特別是可能的犯罪活動。記錄並傳送此類訊息，以及佔領者的通訊，給流亡政府或夥伴國家的情報機構，用於戰略傳播和之後可能的國際司法程序使用。

5-6　教育／文化部

5-6-1危機前／威嚇期

　　推動愛國教育和活動，以增強國家團結和韌性。推廣針對所有公民的國家文化。與鄰近國家和國際組織合作，進行文化和教育活動以加強長期關係並協助戰略溝通。邀請國內的公民社會組織加入這些活動，以加強國內的關係。教育人民關於和平、被動和不服從等抵抗方法。

5-6-2　危機期

　　傳達強烈的國家連結和國家韌性的訊息。宣揚全國合作抗敵。

5-6-3　敵人佔領期

在佔領者允許的範圍內繼續進行一般教育。與抵抗組織合作，祕密教學以顛覆佔領者。參與和平、文化性質的抵抗活動，以對抗佔領者。協助維持人民的士氣。傳播祕密訊息，傳播人民佔領者的行為並激勵對佔領者的抵抗。

5-7　交通部

5-7-1危機前／威嚇期

制定國家危機時期，空運、陸運、海運的軍事必要物品優先運輸計劃，以支持國家防禦。協調和支持開發具替代性的祕密抵抗運輸網絡。確定交通基礎設施的關鍵節點，以便在必要時針對敵方使用時進行破壞。

5-7-2　危機期

根據國防部的要求執行國家防禦優先運輸計劃。根據計劃準備國家抵抗活動的運輸網絡。根據國家防禦和國防部的指示進行破壞。

5-7-3　敵人佔領期

恢復和修復緊急交通基礎設施。打擾敵人使用國內交通基

礎設施，以妨礙敵人的控制。支持國內的祕密抵抗運輸網絡使用，以及邊境滲透和外滲。根據指示協助破壞交通系統。

5-8　財政部

5-8-1　危機前／威嚇期

制定資金計劃，資助購買支援抵抗組織和國家抵抗能力的物資和服務。與國內、合作夥伴和國際銀行機構協調，開發用於支援抵抗祕密運行的替代資金獲得、徵集和分配方法。

5-8-2　危機期

啟動應急財務措施，支持國家防禦和替代資金獲得方式以支持抵抗。執行僑民財務支援網絡，接受全國性抵抗捐款。保護關鍵的國家財務訊息和數據，防止被佔領者操縱，並支持恢復主權。

5-8-3　敵人佔領期

繼續與僑民社區以及國際銀行和捐助者接觸，以持續為國家抵抗和抵抗組織的活動提供財務支援。

6 整備

一旦計劃被制定後，它便進入整備循環。這個循環包含數個活動：計劃、組織、配備、培訓、演練、評估和改進。這個循環或相似的方法對於理解和提高潛在的抵抗力，從而增強國家的恢復力至關重要。

6-1 計劃

計劃讓潛在危機的生命週期變得可以管理、讓需要的能力得以確定並幫助各部門、機構和其他人員了解他們的自身角色。包括情報和資訊的收集與分析，以及政策、程序、援助協議和其他安排的制定。通過明確地界定所需能力、縮短反應時間，促進快速的資訊交換以提高了應對效率。計劃應明確地定義領導角色和責任，並清楚地說明**需要作出的決策、誰將作出這些決策**以及**何時作出**。計劃協同的一個技巧，是確定並且組建相關委員會、中心、小組、工作小組、辦公室、單位、規劃團隊和／或其他跨職能的幕僚組織。他們負責管理特定的過程，並完成計劃進行的任務。被分配到這些單位的人應該被賦予權利，讓他們在所屬層級內，為組織做出決

策，以加快整體計劃制定與決策過程。

6-2 組織

　　組織的目的是執行抵抗計劃，這包括發展和理解抵抗組織的結構、選定領導層，以及組建合格的人員。抵抗組織應提供指揮和控制的結構。了解結構層次允許其他人識別可能的協同對象，以便進行協調和合作。所有層級的政府都應整合其能力，以支持抵抗組織及其潛在活動的發展。

6-3 裝備

　　準備工作的一個關鍵組件是裝備的獲取，包括與某些其他政府機構和夥伴國家的部隊使用裝備的協同能力。有效率的準備那些需要選擇、獲得和部署足夠數量的裝備、物資、設施和系統，以完成指派的任務和工作。動員和維護物資與人力資源，需要一個有效的後勤系統。負責提供有組織抵抗裝備的政府機構，可能會將這些裝備儲存在他們的設施中，並在必要時或按照法律允許和計劃確定的情況下，在預備的隱藏處分發。他們還必須定期維護和保養這些裝備，並支援保養、修理和在野外操作這些裝備所需的資源。

6-4 培訓

建立全國性的抵抗能力需要一個系統性的培訓計劃來訓練個人、小組或團隊及組織。其目的是達到一個共同的表現和認證標準。專業性和經驗是成功的基石。因此,嚴格和持續的培訓是不可或缺的。個人和小組或團隊應該符合資格或表現標準。培訓的內容和方法必須產生所需的技能和可衡量的熟練程度。

6-5 演習

演習提供了在無風險環境中,測試計劃和提高熟練程度的機會。演習評估並驗證熟練程度。它們還使人員更清楚且熟悉其角色和責任。設計良好的演習可以提高跨機構的協調、通訊和規劃能力,突顯能力缺口,並找到改進的機會。一旦形成抵抗計劃,構建抵抗組織結構,界定政府和部門的角色和責任,並獲得必要的設備,那麼該計劃的部分內容可以在各個層面上進行演習。計劃中涉及外部合作夥伴軍事支持的部分,可以在一個機密環境中,與該合作夥伴一起進行演習。國內和合作夥伴的軍事單位也可以在可能發生危機的土地上或附近、或在軍事訓練中心進行演習。涉及個人和組織災害

響應的抵抗計劃部分，可以作爲地方、區域或國家災害響應演習的一部分來進行。其他部分可以在機密環境中與相關政府機構進行演習。計劃中最敏感的部分，可能不需要使用正式的演習規格，只由需要由少數人測試某些部分。

6-6　評估和改進

　　評估和持續的流程改進，是有效的準備工作的基石。在演習結束後，根據相關的能力目標評估表現，確定缺陷，並予以糾正。改進規劃應該制定針對改進方案提出具體建議以及時間表。負責測試的單位應該建立一個改進行動計劃，用於評估演習參與和反應，記錄學到的教訓，並改善反應能力。

　　一個積極的改進計劃將提供方法，定義確認、優先排序、和指派、監控來自演習和實際事件的糾正行動的角色和責任。下圖展示了一個增強能力的循環，以增加準備性。

圖 4-1　**整備循環**

7 計劃成功的衡量標準

以下是衡量規劃關鍵方面的標準：

7-1 可接受性

如果一個計劃可以滿足預期情境的要求，在高級官員和公眾可以支持的成本和時間範圍內實施，並且符合相關法律，那麼這個計劃是可接受的。

7-2 充足性

如果計劃遵循適用的規劃指導、規劃假設有效且相關，而且作戰概念能夠識別並處理與計劃目標特定的關鍵任務，則此計劃是充分的。

7-3 完整性

計劃如果涵蓋了要完成的主要行動、目標和任務，則可以認為是完整的。完整的計劃應涵蓋所需的人員和資源，以及

這些資源將如何被部署、使用、維持和解除動員的明確概念。它還應該包括達成目標的時間表和衡量成功的標準，以及期望的最終狀態。通過在規劃過程中包括所有可能受影響的人員，可以大大提高計劃的完整性。

7-4 一致性和標準化

必須建立一個具有共同術語的共同參考框架。然後，必須建立標準化的規劃過程和產品，以促進一致性、互操作性和協同。

7-5 可行性

如果可以利用內部資源或通過相互援助來完成關鍵任務，則認為該計劃是可行的。從其他來源（例如伙伴國家）所需的額外資源的迫切需求應詳細識別並提前協調。已有相應的程序來整合和有效使用這些資源。

7-6 靈活性

靈活性和適應性的提升來自於某些去中心化的決策，以及對全面或部分喪失主權的規劃。啟動區域性抵抗組織的能力

（無論是部分還是整體的特定網絡）也增加了靈活性。

7-7　互操作性和協同

　　如果一個計劃能夠識別出擁有類似和互補計劃及目標的其他計劃持有者，那麼這個計劃就是互操作性和協同能力的。這在與夥伴國家一起規劃以支持抵抗運動和後續軍事行動以恢復主權時尤爲重要。規劃還應支持定期的協同，專注於與這些其他計劃的整合，以優化實現個人和集體的目標和目的。每個組織都應理解彼此組織的利益、政策和價值觀。由於共享的操作環境，達成統一目標的共識對成功規劃至關重要。

8　授權和法律框架

8-1　授權

　　抵抗計劃的制定中，可能會牽涉到原本不屬於那些參與此類計劃制定的機構或部門的職責或任務範疇。因此，所需的人員配置和／或資金也可能不會立即分配或可用。因此，一

些組織可能需要獲得授權或指示，以及從其上級負責的行政或立法機構額外分配的資金，以履行其對抵抗計劃的責任。

8-2　法律框架

　　參與的部門和其他組織應該有了解每個部門或機構運營的法規和法律框架的法律專家。這些專家可以就承諾的範疇、協議的起草以及相關國家法律提供建議。

⑨　作戰安全

　　作戰安全（OPSEC）規劃過程中的關鍵部分。規劃過程、參與的個人、協議和決策、計劃本身及其每一個組件，都必須被視爲受保護或機密的訊息。因此，不是所有的規劃者，尤其是沒有機密許可權和非政府公民的人，都能夠掌握所有或者大部分的規劃訊息，訊息可以在下級規劃小組中被劃分和隔離。很少人知道更細節的抵抗計劃，特別是與危機和佔領階段有關的內容。

結論

1. 抵抗是一種戰爭形式。是爲了對抗鄰近霸權國家的侵略行爲而發動，這些霸權有能力奪取夥伴國家的部分或全部主權領土。此書旨在傳播美國及其夥伴國家之間共同的術語、觀點和理解，以促進抵抗行動的規劃、準備和應用的作戰討論。

2. 抵抗作爲由美國的夥伴國家直接採用的一種戰爭形式，美國的角色是支持者。具體來說，這種戰爭形式是面對外國佔領者的抵抗，並非針對起義或革命。抵抗戰爭可以在和平時期由夥伴國家進行規劃和準備，並尋求夥伴國家的支持。戰術和作戰層面的計劃和細節必須嚴密保密。正如在總體防禦的概述中所說，一個國家願意在必要時通過武力、積極打造韌性、被動抵抗和非暴力的方法抵抗外國佔領者，可以成爲國家威嚇戰略的一部分。

3. 一個國家對外國佔領者的軍事抵抗，應由其常備軍和預備軍事力量（例如：國民自衛隊、國民警衛隊、防衛聯

盟）執行，之後如果需要增援，可以採用預先選定的人，
但應與國防或國家安全部門無關聯。沒有軍事或政府服
務紀錄增援者，比較難以被有機會獲得這些紀錄的佔領
者發現，如此能保障增援者的安全，也能維持軍事機
密。一般人民則可以參與非暴力和被動的抵抗方法。

4. 爲了增加抵抗的威嚇價值，政府必須公開宣佈足以支持
其抵抗規劃行動的法律及政策框架。潛在敵人必須知
道，全國民眾也必須知道和接受教育。此外，國家必須
在抵抗期間與夥伴國家，簽署物資和其他支援的協議。
例如：在北大西洋公約組織（NATO）成員國之間，適
用第5條公約的規範，成員國主權領土遭受侵犯時，聯
盟需要採取軍事回應。規劃抵抗的國家也可以尋求與夥
伴國家簽署協議，運用其軍事力量，協助收復主權國家
領土。

5. 儘管全國民眾對佔領者的抵抗，以及軍隊和指派的抵抗
網絡更具體、更針對性的抵抗行動，對最終的成功最爲
重要，但受威脅的國家也務必要在危機前與其夥伴國家
共同規劃和準備抵抗。抵抗期將會需要夥伴國家派遣其
常規軍隊協助將敵人從被佔領的領土上驅逐。這一時期

的常規軍事準備中，抵抗組織可以通過合法的流亡政府在被佔領的領土上傳送情報，並參與其他行動，爲常規部隊的進入做好準備。

6. 國家抵抗外國佔領者的規劃，不僅是要確保國家主權領土的收復，也是防止本國合法政府之外的任何實體進行進入統治。二戰期間，共產主義內部奪權的幾個例子中，當時共產主義者阻止國家恢復到戰前狀態。他們能夠利用戰爭帶來新的政府、統治意識形態和結構。本書的主旨是恢復政府、國家和國民回到戰前狀態。這應該是絕大多數國民最能接受的政治目標，並且是其韌性的不可分割的部分。強調和加強國家韌性，使絕大多數國民能夠支持這一明確目標，是國家威懾的關鍵面向。

7. 抵抗的規劃是一項全政府的努力。採用總體防禦概念，規劃應包括民間部門，以及具關鍵位置的夥伴國家。因此，釐清並開發一種跨機構的方式來制定抵抗活動變得相當重要。這樣的規劃支持一致性的行動目標以及國家凝聚力，這有助於加強國家韌性。對於外來入侵的直接威脅，國家的初步反應跟面對自然或人爲災害反應類似。但由於可能需要抵抗的情況，國家的國防部可能是

抵抗規劃最佳的協調機構。

8. 希望這裡的訊息能夠啟發對於抵抗概念有興趣的讀者和
   決策者。ROC 這一概念努力從歷史戰爭前例,提供對
   抵抗佔領者的理解。抵抗活動的規劃和準備得以加強與
   盟友和夥伴之間的聯繫,並且是對那些可能受到具侵略
   性霸權鄰居威脅的國家的一種承諾。

《人人應知的抵抗作戰概念》編譯自美國國防部出版之
" ROC: Resistance Operating Concept "，原書
由 Joint Special Operations University Press
出版，全書爲開放版權。本書依照內容敍述製作數張
圖片以幫助讀者理解，其中部分圖片參考原書，其來
源詳列如下：

圖 1-1 CREATED BY PARTICIPANTS AND
BASED ON AFTER ACTION REPORT,
RESISTANCE SEMINAR, RIGA, LATVIA,
23-25 NOVEMBER 2015, 6.

圖 1-4 CREATED BY PARTICIPANTS AND
BASED ON AFTER ACTION REPORT,
UNCONVENTIONAL WARFARE/
RESISTANCE SEMINAR, BALTIC
DEFENCE COLLEGE, TARTU, ESTONIA,
4-6 NOVEMBER 2014,4.

圖 3-1 MODEL WAS CONSTRUCTED BY
OTTO C. FIALA, ASSISTED BY CATHEY
SHELTON.

圖 3-2 MODEL WAS CONSTRUCTED BY
OTTO C. FIALA, ASSISTED BY CATHEY
SHELTON.

圖 3-5 CREATED BY U.S. ARMY SERGEANT
MAJOR WILLIAM DICKINSON, SENIOR
OPERATIONS SERGEANT SOJ3,
SOCEUR.

人人應知的抵抗行動概念

編　譯　台灣防禦協會
設　計　丸同連合
印　刷　博創印藝文化事業有限公司
出　版　台灣防禦協會
發行人　陳彥廷
會　址　11148 台北市士林區德行東路109巷65號3樓

ISBN　9786269868100 (平裝)
定　價　450元
版　次　2024年5月 初版一刷
版權所有・翻印必究

總經銷　大和書報圖書股份有限公司
電　話　+886-2-8990-2588

國家圖書館出版品預行編目(CIP)資料

人人應知的抵抗行動概念／台灣防禦協會作—初版—
台北市：社團法人台灣防禦協會，民113.05
200面；14.8×21公分
ISBN：9786269868100 (平裝)
1.CST：軍事戰略。 2.CST：作戰計畫
592.45　　113006877